U0021602

空間設計

一物多用 500

設計師不傳的
私房秘技

漂亮家居編輯部 著

暢　銷　改　版

CONTENTS

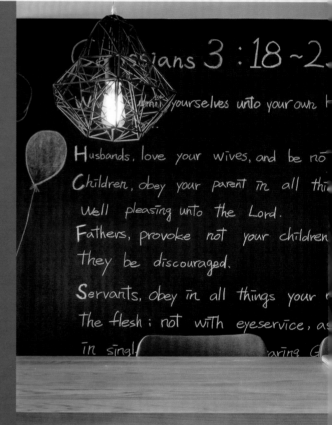

圖片提供＠Z軸空間設計

INDEX

CHAPTER

1

牆面

牆面＋收納

牆面＋隔間界定

牆面＋傢具

牆面＋塗鴉紀錄

牆面＋展示

001 木隔間
應沿角材固定櫃體

由於木隔間是由縱橫交錯的角材製作而成，中空處會塞入吸音棉後再椅夾板封住整體牆面，若在中空處打入釘子，則無支撐力。因此在裝設櫃子時，要沿著角材打入釘子，釘子宜選用具有支撐力的「拉釘」固定，才能有效固定。

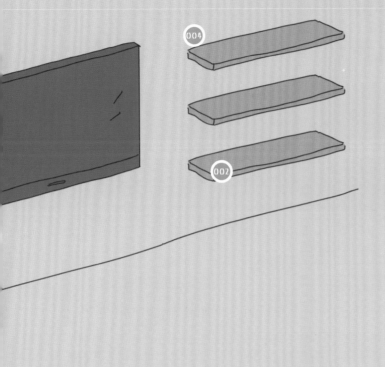

 004

 002

002 沿牆面設置層板

沿牆面設置層板不僅能做出足夠的收納空間，
無背板、門片的設計，讓櫃體看起來更輕盈，
並且讓書籍、物品也成為妝點空間的一環。

003 安裝旋轉五金，
電視牆也能兩用

安裝旋轉五金不但能讓電視能 360 度旋轉設
計，如果加上事先規劃好電腦線路或是利用
背面結合櫃體的設計，電視牆就能創造兩用
的功能，讓生活更為便利。

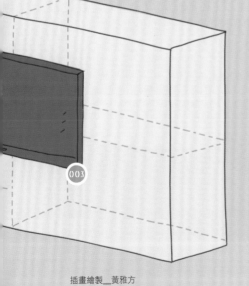

 003

插畫繪製＿黃雅方

004 鋼製層板要用焊接或
植筋固定

鋼製層板的厚度薄，必須用焊接方式固定，因此比較適合施作於磚造
隔間和 RC 牆。如果牆面為輕鋼架隔間，在立骨材時要先做橫向結構的
加強，再焊接層板固定，這樣才能牢靠穩固。

⊗ **施工細節。**懸浮於壁面的書牆採用固定件預埋的方式增加其承重，再結合書架主體，創造出鐵件嵌入石材壁面的細膩感。

✏ **尺寸拿捏。**書架以錯落的層板加上周圍開放式的設計，方便容納不同尺寸的書藉，其中的弧形線條能柔化鐵件稜角分明的生硬感。

005
造型書架讓藏書成為藝術裝飾

整體空間皆採用冷靜的黑白色作為基調，鄰近客廳的書房牆面，以纖細的鐵件設計出獨特的造型，為空間勾勒出現代感的牆面裝飾，同時展示著屋主的生活軌跡。圖片提供 © 森境＆王俊宏室內裝修設計

006
10 公尺超長收納電視櫃

從大門進入客廳後，就是完全開放的長型廳區，用材質、傢具、超長漆白收納電視牆面，甚至樓梯的鋸齒線條延伸，不強調以機能為主要考量要件，而是營造一種氛圍、游刃有餘的氣韻。圖片提供 © 相即設計

007＋008
電視牆也是餐廳收納櫃

客、餐廳間使用不對稱的電視牆作區隔，左頂天右立地的設計，看似不平衡，卻能在設計師專業規劃下，即使再多一個成年人爬上去都沒有關係！看似輕巧的牆面，側邊設置影音機櫃層板，後方則是收納櫃，是一座能夠 360 度欣賞的居家藝術機能量體。圖片提供 © 白金里居空間設計

【牆面】
收納

✏ **尺寸拿捏。**由大門延伸到底的收納牆面長度為 10 公尺，裡面暗藏各式鞋櫃與收納櫃體。為了降低單一小塊電視螢幕的黑色突兀感，抓出 3 公尺黑色展示架作為平衡延伸帶。

⊗ **施工細節。**在 10 公尺的純白壁櫃上下鑿出 25 公分的縫隙，不頂天不落地，避免壓迫同時，也令平面櫃體頓時立體許多。

007

008

◎ **材質使用。**電視牆採用特製鐵件結合木作組構而成，外觀採用穩重的灰色噴漆，後方層板則是黑玻材質，細節講究讓整體質感更提升。

009
圓弧造型木作隱藏收納

通往客廳的通道上有厚樑、粗柱阻擋，
不僅不美觀，動線走起來也卡卡的，利
用木作圓弧造型牆面作流線型修飾，結
合展示層板，令住家面貌更加曲線柔和，
走道更增加展示與收納雙機能。圖片提供 ◎
明樓設計

010
電視牆整合收納延展空間

公共空間中橫跨客廳與餐廳的大型電視
牆，除了涵蓋大量的收納，也身兼延展
空間、連貫兩個場域的任務，並利用前
段三分之一型塑玄關，提供鞋櫃、穿鞋
平台等機能。中段內退製造展示平台，
鋪上沉穩木皮做出視覺差異，脫開的設
計亦消弭量體的龐大感。圖片提供 ◎ 成舍設計

009

🔵 **施工細節。** 圓弧木作需要木工師傅先在木板上放樣，作出底板確定弧
度，再用一片片小木板立體微調膠合在底板上，支撐弧形與作出厚度。

🔵 **尺寸拿捏。** 弧形木作與柱子保留的距離為上方 30 公分，下面為 20
公分。弧形牆面上下需再各內嵌 8 公分貼 LED 燈帶。

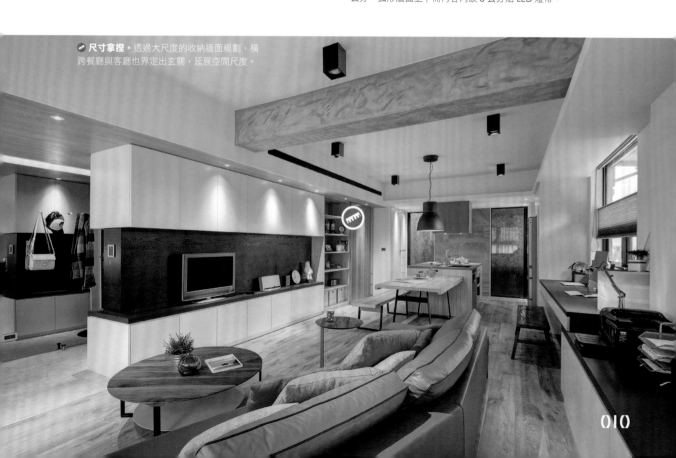

🔵 **尺寸拿捏。** 透過大尺度的收納牆面規劃，橫
跨餐廳與客廳也界定出玄關，延展空間尺度。

010

● **尺寸拿捏。**將一般深度為 60 公分的衣櫃
縮減至 52 公分，並以懸吊式設計減少空間
壓迫感。

◐ **施工細節。**櫃體上方以鐵件框架創造空間
的穿透，鐵件及木作櫃體皆以預製方式在先
工廠製作再到現場組施工組合。

011
精算尺寸，電視牆整合衣櫃及化妝檯

藉由居中牆面在空間創造迴游動線並賦
予實用機能，正面作為電視牆並收整視
廳設備，背面則作為衣櫃使用也界定出
更衣區，因此櫃體也結合了化妝檯功能，
其中的開放式層板讓化妝品的瓶瓶罐罐
能整齊擺放。圖片提供 © 森境 & 王俊宏室內裝修設計

012
實心圓棒，讓牆面多了機能

不想要制式衣帽架佔了角落空間，又想
要收納衣物配件更好找，只要在牆面鑽
出幾個孔洞，就能搭配不同衣物決定懸
掛衣物的使用高度，沒使用的孔洞也能
用不鏽鋼帽蓋來遮蔽。圖片提供 © 力口建築

013
雙層櫃體讓收納更有彈性

以工業風格為基調的住宅空間，因應屋
主收納需求，於沙發後方規劃一座可移
動式雙層櫃，下方加入四個大抽屜收納
雜物，上方則做為蒐藏展示與書籍擺放
位置。圖片提供 © 懷特室內設計

▶ **五金選用。**不鏽鋼毛絲面內嵌式螺栓孔及不鏽鋼訂製實心圓棒。

▶ **五金選用。**後排櫃體利用軌道設計，便利物品的收納及拿取，有效
增加其使用彈性。

014

○ **施工細節。**內嵌魚缸上下皆要有足夠的空間與配電管線才能保障正常運作。上方要設置夜燈、過濾器，還得保留灑魚餌的地方；下方則是各種幫浦器材。

014
內嵌魚缸收納書櫃

位於客廳後方的閱讀書房區，規劃一整道的收納牆面，除了開放式的書架、橫拉抽、大型門片收納區，轉角更內嵌屋主的老魚缸，用整合性的規劃概念，令櫃體與傢具合而為一，保留住家簡約俐落的清爽面貌。圖片提供©相即設計

015
翻轉電視牆後藏鞋間

進門就是客廳的格局，玄關收納問題就與電視牆作結合，將電視牆往前挪移，退讓出來的空間正好能規劃如更衣室般的鞋間，包含共四個立面可收納鞋子，層板也能根據鞋子種類調整。圖片提供©力口建築

016
利用進退差距整合收納

原格局中做了外推，牆面底部多出一截空間，成為上實下虛的一道立面。先將上段牆面用木作直向拼接，並於尾端抓出 4 公分段差形成進退面好埋藏燈條。下方則以白色門片封填成收納區，最後用橫向細溝使影音設備有藏身空間。圖片提供©奇逸設計

015

016

▷ **五金選用。**垂直向為黑鐵軸承固定棒與水平向的黑鐵框架，軸承大約可承重 20 公斤。

○ **施工細節。**進退面交接處嵌合不鏽鋼條增添折射變化。

✎ **尺寸拿捏。**長 225 公分，寬 15 公分的鐵件溝槽，除收納目的，亦具平衡直線、放寬視覺功效。

017

017＋018
大理石牆兼具收納機能

客廳後方的大理石牆，除了界定客廳與
健身區的屬性，牆體後方也提供儲物機
能，牆面以卡拉拉白大理石鋪陳，獨特
的斜紋紋理加上分割溝縫處理，好似潑
墨畫作。圖片提供 © 水相設計

◎ **施工細節。** 卡拉拉白大理石牆，特意挑選的斜
紋紋理，加上五等份的分割處理，石材間留 2×2
公分溝縫埋入鐵件，不但增加細緻度，也讓每一
片石材更為立體，宛如四幅長形畫作般。

018

好收納雙面電視牆

小坪數住家在廳區採用開放式規劃，令客廳、餐廳、廚房、書房四個機能區塊互享空間與光源。電視櫃採雙面設計，下方櫃體屬於客廳，上方的收納空間則納入書房做開放書架使用，徹底善用坪效，確保住家呈現簡約面貌之餘仍能擁有足夠收納空間。圖片提供◎相即設計

019

020

◎ **施工細節。**石材都需要先經過加工廠的事先處理裁切，加上因重量非常重，考量運送問題，使用面積也不宜過大，可在現場鋪貼完畢後施作「無縫美容」處理，減低拼貼後的縫隙問題。

○ **施工細節。** 機櫃以百葉形式規劃，既可散熱又能接收遙控連結。

▶ **五金選用。** 不鏽鋼圓管及黑鐵支撐架。

021
建築結構落差創造主牆與收納

床尾牆面因建物結構產生立面段差，於是橫拉大方塊消弭進退面落差，並善用間距創造出機櫃深度，輔以燈光使電視牆面貌更簡潔輕巧。圖片提供 © 奇逸設計

022
不鏽鋼旋轉電視牆，可收設備與置物

由於客廳的深度有限，加上屋主希冀客餐廳能同時觀賞電視，於是設計師在玄關入口處安排旋轉電視牆，旋轉軸結合設備櫃體，視覺美感上讓水平量體可脫離地面透空，也可以當作置物平台與穿鞋坐椅空間。圖片提供 © 力口建築

施工細節。鋼筋的韌性強，因此改由現場火烤扭出想要的曲線，並在鋼筋上塗防鏽保護漆，使整體空間呈現剛毅的氣質。

尺寸拿捏。長約 370 公分的水泥書牆，透過鋼筋及玻璃層板，搭配綠巨人浩克穿牆而出的拳頭造型燈，為牆面帶來生動的端景造型。

023
鋼筋書牆設計，直線中帶扭曲營造線條趣味感

摒棄以往用鐵件建構的書架牆面，這裡則在未加修飾的水泥牆為背景，用鋼筋條及玻璃層板來打造，並經由鑄鐵師特地將鋼筋做出畫面中被超級英雄們「破壞」的不規則彎曲，讓人感受到那股來自超級英雄內心深處的強大力量。圖片提供 © 好室設計

024
用盒裝概念統整收納與邊几

床頭與更衣室共用牆面，用「盒子」概念做連結。盒內整齊收納衣物，盒外以鋼刷黑檀木拼接，再採木作噴漆拉出一個倒ㄈ字型，使牆面產生榫接交疊感；既有直紋跟素面、黑與白的對比，同時也藉橫向線條拓寬了空間感。圖片提供 © 奇逸設計

025
用櫃子組出生動趣味的床頭牆

以不同形式的收納機能兼顧收納容量，左側的木門片內藏有落地收納櫃，床頭櫃在中段挖出置物平台，上端以隱藏門片讓留白訴說張力，右側延續木元素為底、交錯的淺櫃別具生動趣味。圖片提供 © 成舍設計

[牆面]
収納

施工細節。加設與窗側同寬短牆，可使床鋪區視覺更集中並增加睡眠安穩。

材質使用。長型紅燈增加亮點，並藉人造馬鞍皮升級床頭櫃質感。

材質使用。藉由木材質與白色幾何櫃的交錯達到豐富的視覺變化，為年輕屋主跳脫制式的床頭樣貌。

026

施工細節。在面向廚房的牆面設置全嵌式冰箱，需事前在正面底部規劃進氣口及頂部留出排氣口的位置，讓完全嵌入的冰箱能通風循環散熱，以延長冰箱使用壽命，並減少冰箱熱氣損害櫃體材質。

026+027
開放牆面收整影音與廚房家電

客廳與餐廳之間利用牆面劃分區域，並構成一個動線串聯的半開放式空間，牆面同時扮演電視牆及電器櫃的角色，正面完全收整家中小孩所有的電視遊樂設備，背面則隱藏廚房家電。

圖片提供 © 森境＆王俊宏室內裝修設計

027

施工細節。CD、DVD 不只要外露展示,也要便於更換,因此要先測量好外盒尺寸,擺放時才能剛剛好。

尺寸拿捏。牆面凹凸是利用門片加厚的手法,但在要裝設鉸鍊的門片側不可加厚,以免門打不開。

028

028
鞋櫃、電視牆、展示架三合一

看似以線條切割的簡單牆面,背後卻隱藏了極大的收納功能,包含了鞋櫃、雜物收納櫃、CD 和 DVD 展示架等功能,並以凹凸手法將門片模糊化,讓牆面更多了設計感。圖片提供◎演拓空間室內設計

029
玄關以大面黑色格柵展現氣度,同時巧妙隱藏鞋櫃

入口玄關處以深色格柵牆面展開空間器度,序列的線條中不著痕跡隱藏著鞋櫃,轉折的另一面牆對應著餐廳區域,牆面下方延伸的檯面,可作為藝品展示處。圖片提供◎尚藝室內設計

029

材質使用。為緩和染黑的木格柵牆面直落線條的壓迫感,在底部嵌入不鏽鋼並延伸出檯面以截段視覺,並搭配光源設計創造輕盈感。

030
樑柱深度創造書牆機能

利用空間樑柱下的深度規劃為書櫃，長達2米半的大書牆，搭配留英屋主私人收藏的各式各樣活動書檔，讓書架藏書更具趣味感。圖片提供◎尤噠唯建築師事務所

031
主牆內隱藏小小更衣間

灰藍色烤漆主牆後方所隱藏的更衣間，其實是巧妙修飾建築柱體所產生，更衣間內部一側為開放式懸掛衣物，一側則是抽屜與層板的組合，讓小孩房也能擁有豐富的收納機能。圖片提供◎甘納空間設計

◎ **材質使用。**以鐵件為支架，搭配栓木層板設計，簡潔的元素組成讓書牆更輕巧。

031

◎ **尺寸拿捏。**更衣間深度與柱體切齊，創造出45公分的走道空間，對小朋友來說剛剛好。

030

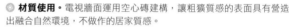

032

033

◎ **材質使用。**電視牆面運用空心磚建構，讓粗獷質感的表面具有營造出融合自然環境，不做作的居家質感。

◁ **施工細節。**空心磚採用對縫的疊砌方式砌成，以求每一塊磚面的完整呈現。

032+033
半高牆面引導視線及動線，界定空間區域也保有開放性

公共空間以半高牆面創造開放且區域分明的空間，面對客廳牆面為電視牆，另一側則作為閱讀區域的書架使用，同時也形成一個串聯的行走路徑，無論在視線及動線上都能達到自由無拘。圖片提供 ◎ 尚藝室內設計

034
開放、隱藏的櫃體設計交錯，演繹豐富層次

為了因應屋主的需求，希望在空間設立半高的吧檯，開放式的設計便於招待來客。以水泥砌成吧檯，佐以實木檯面，後方牆面則以層板和櫃體交錯搭配，呈現或開放、或隱藏的收納機能，無把手的櫃門設計，形構出乾淨俐落的立面。圖片提供©摩登雅舍室內裝修

035
收納有度，物品各得其所

牆面以小型的復古方塊磁磚作為襯底，沿牆再拉出收納的區域，形成完整的乾淨櫃面。而屋主本身對於收納的要求十分嚴謹，不論是杯、盤，甚至紅酒的收納隔板尺寸，都需符合收納物件的尺度，讓物品各得其所，隨時保持井然有序的樣子。圖片提供©摩登雅舍室內裝修

034

◎ **施工細節。** 施作鐵件吊櫃時，由於櫃體本身重量較重，需預先將鐵條嵌入原始的水泥天花中，才能有效支撐，再鋪上木作天花，就能呈現懸空的效果。

◎ **材質使用。** 整體的空間風格以普羅旺斯的明亮熱情為主軸，納入歐洲圓頂拱門的造型，以復古磚貼覆圍繞櫃體，輔以刷白的木質櫃面，濃厚的歐式氛圍不言而喻地流洩出來。

◎ **材質使用。**電視牆面大面積運用染色杉木，讓獨特的色澤與紋理成為表現空間主軸。

◎ **施工細節。**為了能讓鐵件層板完美嵌入牆面之中，事先將鐵件折成 L 型，再配合木板接縫處固定。

036
錯落層板收整物件，也是貓跳檯

屋主家中有飼養貓咪，為配合貓咪喜歡跳往高處的習性，在電視牆面設計高至天花的錯落式層板，讓貓咪可以一路攀爬至位於天花板的貓洞，層板也可以收整飾品及書本。圖片提供◎尚藝室內設計

037
大理石牆兼具書櫃用途

住宅有絕佳的 L 型大面開窗視野，卻因格局不當無法展現，因此設計師將客廳與書房位置對調，同時運用雕刻白大理石電視牆的後方，規劃出鐵板層架，便於收納書籍和電腦事務機，創造牆面的多用途。圖片提供◎甘納空間設計

038
格柵線條輕巧隱藏收納門縫

主臥空間採用深色格柵作為床頭主牆，序列的直向線條巧妙隱藏後方收納櫃門縫，創造出臥房空間的整體感，開放式格櫃底端設計光源，作為小夜燈使用。圖片提供◎尚藝室內設計

【牆面】 收納

◎ **材質使用。**書櫃選擇以纖細的鐵件作為層板，比例比木層板更好看細緻。

◎ **施工細節。**刻意在封閉式收納牆面之中，局部規劃開垂直軸向的開放式收納格櫃，減少壓迫感同時增加使用的靈活度。

039　懸吊電視牆不忘實用收納

客廳與書房以懸吊電視牆做為隔間，並利用牆體厚度規劃成收納空間，在電視牆的側邊設計了可放置 CD 的側櫃，順手就能拿取，又能隱藏雜亂，賦予牆面多功能的用途。圖片提供◎演拓空間室內設計

● **施工細節。** 施工前事先將線路規劃妥當，視聽設備皆藏於茶几下方，不增加電視牆的負擔與複雜度。

● **材質使用。** 為了讓書房在使用時保持安靜，電視牆下方加設了玻璃，增加支撐力也具隔音功能。

040

◎ **材質使用。**白色櫃體為鋼琴烤漆處理，配上後方擬板模般的粗獷壁紙，用新舊衝突對比視覺，呼應老屋翻新的空間。

040
懸空鞋櫃倚牆而設，輕巧不佔位

一個人住的空間，坪數並不算寬裕，但基本的收納又不能省略，設計師利用衛浴隔間牆，規劃出懸浮式鞋櫃，達到機能之餘，亦成為入口主要的視覺焦點。圖片提供 ◎ 懷特室內設計

041
牆與收納聯手讓機能相互整合

客廳主牆尺度較寬也較長，若只使用一部分，會顯得過於浪費，於是設計者將牆與收納功能相互聯手，在這道主牆面中，除了有電視牆還有一部分則是提供作為收納與展示之用的牆面機能。圖片提供 ◎ 豐聚室內裝修設計

◎ **材質使用。**門片以木板材為主，運用寬度不一做拼接組合，製造出具層次效果的設計。

＜ **施工細節。**所使用的五金把手也特別漆上與門片同樣的顏色，呈現出一致性的美麗。

041

042

043

◎ **材質使用。**採用木作噴漆、木皮為牆體材質,書櫃表面鋪陳梧桐木皮,與水平紋理的白橡木地坪,形成垂直、水平兩種不同的肌理美感。

042+043
正向是電視牆,反面可作書櫃

透過一道牆形成客廳與書房之間的領域隔屏,並兼顧了兩個區域的實用機能性,正向可用作客廳的電視牆,並在下方配置視聽櫃體空間,反向另為書房的開放式書櫃。整道牆採不做滿設計,保有屋宅之間的通透感受。圖片提供
© 近境制作

044
巧妙利用牆面、層板收納

由於 50 年的老屋已經不符生活需求，因此拆除所有格間，重新改寫格局樣貌。客廳牆面以開放式的系統櫃，讓物品能一覽無遺。櫃體右側的靚藍色層板順應牆面到天花，不僅可作為開放式的層架，也是隱藏客餐廳推拉門軌道的絕妙設計。圖片提供©十一日晴設計

045
牆結合書櫃，享受閱讀樂趣

位於樓梯旁的牆面，採用灰色石材大面積鋪陳立面，並搭配不規則狀的書籍收納空間，遠觀可見淺灰色、深木紋的矩狀拼接美感，近看則可見到對材質的細膩紋理。結合實用性與造型美感的牆面設計，讓閱讀樂趣唾手可得。圖片提供©近境制作

◎ **材質使用。**為了隔絕廚房油煙，右側的展示櫃背板以壓花玻璃展現復古情調，符合整體的空間氛圍，且輕透的視覺效果，又不阻礙光線進入。

◎ **施工細節。**由於是規格化的系統櫃，可依照放置物品的大小來變更，像是放置書本的高度約在 40 公分，視聽設備的高度約在 20 公分即可。

◎ **材質使用。**採用薄片石材作為立面的鋪陳材質，內凹檯面背景則採用深色木皮，作出色彩對比效果，並保有木石自然紋理。

◎ **施工細節。**將石材切成薄片貼於牆面，質地較為輕量，且減少了笨重感，施工過程更簡單、快速，節省安裝成本。

◎ **材質使用。**電視牆選用回收火車枕木切割
後重新拼貼，對應房子的復古工業氛圍。

046+047
電視牆背面打造開放式衣櫃

主臥房運用電視牆創造出環繞式走動設計，牆面不
僅提供影音收納，另一側直接利用牆面鎖上金屬配
件，就是好拿好收的開放式衣架。圖片提供◎懷特室內設計

施工細節。懸吊鐵件與天花板接合必
須選用較厚板材,並做角料補強。

施工細節。木作隔間作為區分廚房和公共區的界定,
鍍鋅鋼板直接貼覆於木作牆面上固定,而木作層板則以
釘子固定兩側加強支撐力。

048
懸吊收納架收衣服也能放書

專屬男主人的休閒起居空間,提供彈性
的使用,也因此收納可以做到最少,利
用牆面角落以鐵件打造可擺放書籍和衣
物的多用途收納架。圖片提供 © 懷特室內設計

049
兼具收納和留言的牆面

屋主常下廚烹飪,因此在廚房牆面加上
木作層板放置食譜,隨時都可以翻閱。
同時在牆面鋪上鍍鋅鋼板,本身帶有磁
性的鋼板,可作為 memo 使用。圖片提供
© 十一日晴空間設計

050
可彈性增加門片的收納牆

看似簡約俐落的公共廳區,沙發背牆設
計了一座開放與隱閉兼具的置物櫃,梧
桐木染黑架構木柱、白色鐵件成了輕薄
層架,而白色門片由大大小小的矩形組
合而成,運用黑白、軸線、材質交錯的
手法,構成對比強烈卻又具平衡感的量
體。圖片提供 © 寬月空間創意

施工細節。白色開放層板與木
構造處已經預留好鉸鍊,假如收納
的物品變多,可以彈性增加門片,
避免過於凌亂。

【牆面】

收納

051　無壓的開放收納

在 45 坪的空間中，將原本與客廳相連的書房隔間拆除，拉寬空間深度，釋放大面窗景，綠意盎然的戶外得以躍入。書房背牆以灰色鋪底，恰與上緣的樑所包覆的鍍鈦金屬相呼應。無壓的開放式收納，一覽無遺的設計，展現整體通透的空間調性。圖片提供 © 大雄設計

◉ **施工細節。** 木作層架刻意維持 3 ～ 4 公分的厚度，便於在木作牆面加上角料固定，同時在每層層架固定直立的隔板，不僅能支撐層板，也能成為櫃體造型的一部分。

◉ **尺寸拿捏。** 由地面開始算起的第一層層架抽屜刻意與書桌同高，方便人隨時轉身擺放，也留出與其他層架最寬的 40 公分間距，便於收納較重的物品或大開本的書籍。

052
交錯層架形成躍動視覺

喜愛簡單俐落的屋主，以黑白簡約的配色為主軸，素白的木地板鋪陳，餐廳牆面輔以木色與黑色相間的木作層板作為點綴，原木的使用讓空間增添些許暖度。交錯配置的層板形成躍動的視覺，即便不擺放物品，也可成為牆面的裝飾。圖片提供©Z軸空間設計

◎ **材質使用。**部分的木作層板做染黑處理，同時進行削薄，厚度和顏色上做出變化，使木色與黑色層板拼接時，呈現異材質混搭的錯覺效果。

◎ **施工細節。**由於餐廳為水泥牆面，因此在牆面切溝，以卡榫的方式卡入雙色木作層板，看似交疊而有擺放重心的疑慮，但實際上十分穩固。

053

尺寸拿捏。依據家中幼兒的身高，適當調度層架的高度，讓小孩能親手選取，有效引導閱讀自主性。

材質使用。以現成的無印良品和 IKEA 展示架自行 DIY 而成，不僅節省木作費用，也能隨時調整高度。

053

適當放置層架，豐富牆面風景

簡單素樸的客廳無多餘裝飾，電視背牆以磚牆塗白，表現原始素材的肌理，上方一道長窗引光，使後方的衛浴空間不致陰暗。右側牆面則利用現成的層板架作為家中孩童的童書架，不僅培養孩童自主的閱讀習慣，也讓童書成為家中佈置的風景之一。圖片提供©十一日晴空間設計

054

沿樑創造牆面滿滿的收納

為了能有效運用臥房空間，設計者沿著樑的深度、牆面的寬度，共同生出收納空間，除了善用環境，也解決了樑壓牆的困擾。這道牆所產生出的機能除了滿足生活收納外，也加入了書桌設計，讓機能變得更加多元。圖片提供©漫舞空間設計

055

3,000 本書牆營造長廊趣味感

一別過去小公寓、華廈的設計方式，在狹小的走道裡，設計了一個"書廊"，讓走道不只是過道的功能，還串起廳區、廁所、管道間、儲藏室到臥室之間，一切看似完全不相干機能的空間連結，並收納屋主近 3,000 本藏書，於是，走道變成了可以駐足停留的天地。圖片提供©尤噠唯建築師事務所

五金選用。為了方便收納櫃好開啟，特別加了帶弧度扶手的五金，好握好用同時也很美觀。

材質使用。收納櫃體、書桌主要是系統傢具為主，貼皮則是以人造木皮為主，好清理也相當耐久。

施工細節。透過精細計算，將 450 公分長的廊道切割成大大小小的書櫃，並在主架構中加裝活動層板，方便靈活運用。

056+057　借用臥房空間創造嵌入式主牆收納

電視主牆，看似有如裝飾的輕薄抽屜，打開後深度與一般抽屜尺寸雷同，巧妙之處在於利用主臥室床頭下方空間，而白色鏤空幾何設計的影音櫃，同樣借取主臥室床頭右側落地櫃，往後維修亦十分便利。圖片提供◎寬月空間創意

056

尺寸拿捏。左側設備櫃內預留達 65 公分的深度，一併將重低音喇叭裝置收納於此。

【牆面】

收納

057

◎ **材質使用。**沙發背牆因從鞋櫃一直整合至書房隔間，因此用用黑色木皮、鐵件、玻璃統一串聯，維持空間完整性。

058
沙發背牆整合隔間與櫃牆

沙發背牆整合玄關鞋櫃、衣帽儲藏與書房之間，用連續的隔間、拉門與櫃牆，使其材料、形式的合一，讓客餐廳的區域，更顯簡單俐落且整體。客廳沙發背後的空間，則規劃成可開放、視覺穿透的書房兼客房，讓客廳的使用，多了可供閱讀、工作的擴充性。◎ 圖片提供 © 尤噠唯建築師事務所

059
善用畸零空間收納

由於臥房原始條件的關係，在柱體之間原本就留有內凹處，因此決定善用畸零空間，巧妙變成開放式的收納櫃體，空間一點都不浪費。刻意漆上奶茶色的牆面，正與床頭相呼應，整體呈現溫潤無壓的氛圍，型塑安適好眠的臥寢空間。圖片提供 © Z 軸空間設計

060
毛絲面踢腳板隱藏電器收納

因客餐廳區相連的關係，一堵挑高的清水模主牆，貫穿整個空間。灰色沉穩的清水主牆，區隔了臥室與儲藏的紛亂，同時下方的不鏽鋼設計成下掀式門板，則隱藏了影音電器櫃的收納，方便使用，也維持牆面的完整性。◎ 圖片提供 © 尤噠唯建築師事務所

◎ **施工細節。**計算好內凹處的深度和寬度後，層板四周以矽利康黏著後固定。除了矽利康之外，也可使用一種叫做「壁虎」的五金固定，但成本較矽利康高。

◎ **材質使用。**長 300 公分高 240 公分的清水模電視牆，為維持完整性，表面完全沒有任何設計，但將收納隱藏在最下方的毛絲面不鏽鋼。

061
牆面書櫃利用光源，提升空間質感氛圍

對應書房區在後方規劃了大面書牆，可以作為書櫃也能當作擺放蒐藏品展示區使用，刻意與背牆脫開距離，藉由下方燈光設計突顯牆面粗獷材質，營造空間層次與氛圍。圖片提供 © 尚藝室內設計

062
鐵件層板創意結合木作抽屜，增加收納與空間層次

大器的利用整面牆規劃開放式書架，以滿足屋主大量藏書及藝品，在層加之中增加木製抽屜收納，讓零散小物也能被條理收整，同時和緩鐵件的冰冷感。圖片提供 © 尚藝室內設計

◉ **材質使用。**牆面以肌里明顯的玄武岩鋪陳，搭配鏤空設計的烤漆鐵件書架，讓天然材質呼應窗戶外的綠意。

◉ **尺寸拿捏。**刻意在鐵件書架與牆面之間拉開 10 公分的距離，加上由下而上打的燈光表現出玄武岩獨特的紋理，而成為空間造景。

◉ **施工細節。**考量寬跨距的層板書架承重度，在每 2 片空心磚之後事先預埋固定鐵件，最後再架上烤漆層板。

◉ **材質使用。**堅固耐用的空心磚能增加空氣對流有效隔絕熱源，以往常被使用在室外，設計師大膽運用在居家之中，讓粗獷的表面質感呈現與戶外結合的自然休閒感。

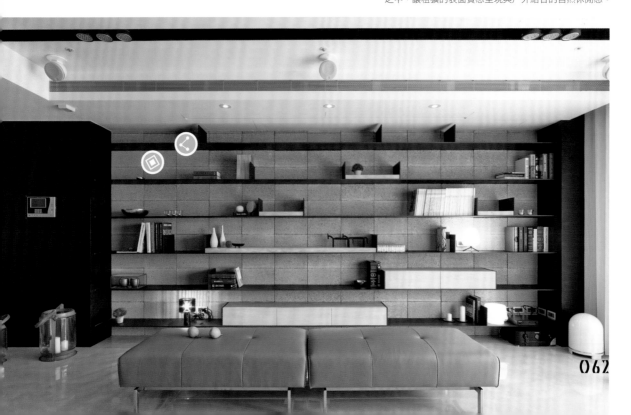

063

⬤ **材質使用。**文化石的電視壁面，展現粗獷
的磚面，兩側的儲藏室門片則以木作烤漆，
加上線板的設計，呈現傳統歐式的鄉村風格。

063+064

微調牆面，便有了大容量的儲藏室

原始格局的客廳深度過長，形成多餘的無用空間，因此電視牆往沙發靠攏，
兩側留出超大容量的儲藏室，分別收藏孩子們的玩具及日常用品。無把手
的門片設計有效隱藏入口，且巧妙將歐式的左右對稱設計語彙融入空間，
再輔以壁爐造型，打造宛若歐洲古堡的居家。圖片提供◎摩登雅舍室內裝修

064

CHAPTER 1

牆面

牆面＋收納

牆面＋隔間界定

牆面＋傢具
牆面＋塗鴉紀錄
牆面＋展示

065 穿透玻璃隔間 厚度約 10mm

想要區隔空間，卻又不想產生隔閡，用玻璃作為隔間最適合，可達到空間界定作用，視覺穿透營造出寬敞氛圍，景深延展視野的多樣效果。一般用在隔間的玻璃多半是選用強化玻璃，可以避免撞擊碎裂的危險，隔間厚度大約在 10mm 左右。

插畫繪製＿黃雅方

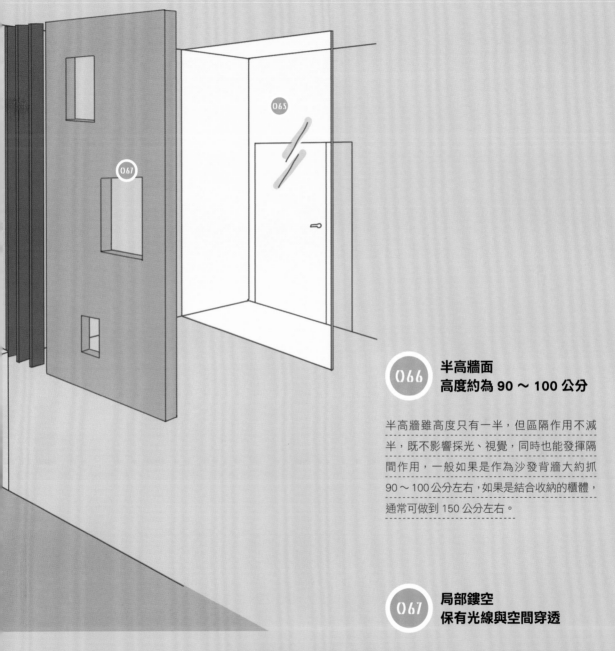

066 半高牆面
高度約為 90 ～ 100 公分

半高牆雖高度只有一半，但區隔作用不減半，既不影響採光、視覺，同時也能發揮隔間作用，一般如果是作為沙發背牆大約抓 90～100 公分左右，如果是結合收納的櫃體，通常可做到 150 公分左右。

067 局部鏤空
保有光線與空間穿透

扮演區隔空間場域的牆面，可採取上端或是不規則錯落的開口設計，暗喻另一個空間的存在，加上視覺與光線依舊能夠延伸保留，空間達到獨立卻又開闊的效果。

068 重疊機能牆多擠出通透一小房

為了實踐小坪數再多出一房的願望，在不製造額外牆面阻斷空間感的條件下，利用灰色玻璃、半高電視牆與廚房收納平台圍圍出次臥，每一道隔間都是附有機能的量體，輕鬆化解現實坪數的殘酷。圖片提供◎成舍設計

◎ **材質使用**。門片與上段隔間使用灰色玻璃，符合空間調性，兼顧穿透及隱私。

施工細節。用厚約 0.9 公分鐵件做隔屏,可以減少量體佔據地板面積。

材質使用。銀狐大理石做復古面處理,降低光澤反射吻合設計調性,亦可突顯石材紋理。

施工細節。電視櫃體採輕量鐵框為主要量體,結構須預埋於左側水泥牆體上,並於內部懸臂部分預埋垂直鐵件補強。

材質使用。屏風式隔間選用天然木皮包覆,周圍則採用鐵件烤漆收邊,運用異材質結合營造溫暖卻不失時尚的感受。

尺寸拿捏。屏風設計概念上解決入口處的風水問題,但藉由中間 20 公分的鏤空創造視覺對空間的延伸。

069
黑鐵屏風是隔間也能引光

玄關以黑色屏風做為開門端景;半穿透設計搭配旁側鏡面讓視線延展、免除封閉,也具引光功效增添區域明亮。鐵件與石材採線性組合創造俐落,融合天、地的染灰橡木作調和,讓深色厚重印象,輕靈轉換為個性化的空間表徵。圖片提供◎奇逸設計

070
黑鐵電視牆劃分客廳、廚房

利用電視牆與廚房做為區隔,以黑鐵打造的電視櫃又與電視巧妙融合,下方則特別選用與廚具一致的材質規劃抽板收納影音設備,透過複合設計概念,為小坪數創造意想不到的收納與機能。圖片提供◎力口建築

071
穿透式隔間,解決風水與視線延伸

為解決屋主風水上的疑慮,在小坪數套房入口處增設屏風,作為視線及進入空間的緩衝隔間,由於空間量體不大,屏風中央以鏤空式設計讓視線能適度穿透,不僅創造空間層次也不會有封閉感。圖片提供◎森境&王俊宏室內裝修設計

072

漂浮式電視牆,事前工序多

寢區與書房利用上懸吊電視牆作區隔,沒有任何多餘的線路外露,整體線條簡潔俐落。鏤空的設計特色,讓夫妻倆身處兩個區域,仍然可以在兩邊互相聊天。只是鐵件需預先一週製做,裝設三天前得送烤漆工廠做最外層的最後修飾,塑造接觸時的細膩質感。圖片提供◎法蘭德設計

073+074

雙面櫃架構電視擺放位置,同時劃分出玄關區域

將客廳規劃在光線較為充足的窗戶邊,在入口處利用一道雙面櫃設計界定玄關空間,同時也是端景櫃,一面則作為電視牆,並留出單側通道搭配弧形牆面,以引導進入空間的動線。圖片提供◎森境&王俊宏室內裝修設計

🔩 **五金選用。** 由於電視鐵件加上螢幕非常重,懸浮設計又只能靠上方支撐,所以要在做天花板前,利用膨脹螺絲把鐵件牢牢固定在樓板上,確保安全。

📏 **尺寸拿捏。** 高至天花的雙面櫃靠窗側設計開放層板,不但可以擺放藝術品也讓空間更具穿透感。

✂ **施工細節。** 電視牆面下方設計內凹的開放式收納,用以收整視聽設備,內側以黑色呈現使視覺不會太過凌亂。

075

⊙ **施工細節。**懸空式主牆必須在施作天花板的同時，以木作底搭配鋼構鎖在原始 RC 結構上，確保大理石牆的承重性。

076

⊙ **施工細節。**屏風為國外購入的百年骨董，由設計師親手操刀，進行磨刨、上漆，共經過五道手續才達到現在美麗的復古樣貌。

⊙ **尺寸拿捏。**端景牆寬 130 公分、高 200 公分，擺設在距離大門約三米五的地方，保留足夠的迎賓、迴旋場域而不顯壓迫。

075
懸空大理石牆，連結客廳與玄關

公共廳區運用大理石主牆取代隔間，懸空式設計達到穿透延伸的視覺效果，刻意以鑿面石材的粗獷去搭配皮革包覆的平台，加上主牆側面以鐵烤漆作收邊，創造材質對比的衝突美學。圖片提供 © 界陽 & 大司室內設計

076
百年骨董屏風變身韻味隔間

進入大門後，映入眼簾的便是帶有濃濃復古、粗獷氛圍的端景屏風，這是由設計師從國外購入的百年骨董，同時也成為空間中的創意發想起源。屏風中央有一道小窗、可輕巧開闔，讓人無論身處內外，皆能享受不同窗景。端景牆區隔內外，外側為迎賓區，後側則設置簡單的辦公空間。圖片提供 © 亞維空間設計坊

◎ **材質使用。**白色烤漆牆體局部飾以木皮點綴，小空間清爽不壓迫。

077
多機能矮牆釋放空間感

小坪數不一定得犧牲玄關，透過一道矮牆界定玄關與客廳，同時製造出回字型動線產生律動感、讓空間更加流暢；這一道矮牆同時具備電視牆、視聽櫃、玄關置物與場域界定的機能，發揮一物多用的設計價值。圖片提供◎成舍設計

078
寬幅度拉門，完美隱藏全套衛浴

木質拉門後方，隱藏著五星質感的飯店式衛浴，可雙邊開啟的拉門設計在使用上更加便利，從電視牆延伸的統一木紋質感呈現俐落的整體感。圖片提供◎森境＆王俊宏室內裝修設計

◎ **施工細節。**木質拉門在洗手檯面高度開出凹處，讓拉門能完全關閉也不影響使用功能。

施工細節。突破以往水龍頭依附檯面的設計，這裡的將水管線走天花，創造出讓水龍頭結合化妝鏡從天花懸空垂吊式的設計。

材質使用。延續現代時尚的整體空間風格，開放式洗手檯採用大理石，提升臥房的精緻度與質感。

施工細節。木作底包覆的不鏽鋼預留凹槽，便於將清玻璃嵌入，最後必須再以矽力康作收邊。

材質使用。電視牆部分採取不鏽鋼無縫拼接，以科技感呼應屋主電子新貴身分，不規則切割經過事前不斷打板測試。

施工細節。鐵件框架在現場燒焊組裝，玻璃則分塊運送，現場結合在一起。鐵框上下皆需固定天花與地坪。

材質使用。隔屏採用低調的灰玻為主體，上面再貼一層 3M 纖維貼紙，達到理想的半透明效果。

079
半高主牆區分寢臥與更衣區

主臥房將洗手檯從衛浴移出並獨立設置在床頭位置，賦予了畫妝檯與洗手檯複合功能，後方為全展式衣櫃，因此便藉著半高牆區分出寢臥及更衣區。圖片提供© 森境＆王俊宏室內裝修設計

080
不鏽鋼電視牆打造半開放書房

有別於一般半開放式書房隔間多為上半部搭配玻璃材質，設計師特別採用如閃電般的不規則線條，將轉角線條壓至最低，獲得更為開闊的視覺效果。圖片提供© 界陽＆大司室內設計

081
半透明灰玻隔屏，解決穿堂煞

為了解決一入門的穿堂煞以及相關風水問題，設計師特別在玄關處設置玻璃造型隔屏，具備十足遮蔽性又不至於因光線無法穿透而顯得壓迫；下方擺放屋主的聚寶盆結合穿鞋椅，滿足風水需求與實際的使用機能。圖片提供©相即設計

◎ 施工細節。電視管線巧妙的隱藏於鐵件之中，並從天花板安排走線，讓格柵式的電視櫃維持整潔俐落。

◎ 尺寸拿捏。以鐵件製成的格柵牆面，寬幅刻意縮限在電視寬度之內，搭配懸吊設計使整體感更為輕盈。

082

083

084

◎ 材質使用。主牆側面特別選用亮面不鏽鋼做為收邊，質感較為精緻，下端則是黑玻璃影音櫃，方便直接遙控。

◎ **材質使用。**局部清玻璃的搭配，達到視覺開闊的效果。

◎ **施工細節。**義大利洞石的半高牆牆面需以水泥為基座成形，再貼覆石材及嵌入預製鐵件，整體才會牢固不變形。

鐵件格柵界定開放空間

空間以格柵為語彙表述，衍生成為客廳主牆並區分餐廳區域，在虛實通透之間，跳脫制式櫃體的介面界定，也傳遞出顯明的空間意象。圖片提供◎森境＆王俊宏室內裝修設計

084

異材質主牆界定公共廳區機能

小坪數空間構築一道主牆做為隔間，穿過環繞式動線為餐廳、書房，達到寬敞通透的視覺效果。客廳正面以毛絲面不鏽鋼材質打造，餐廳主牆則是雙色烤漆，同時下端的設備櫃也提供兩區共用，更節省空間。圖片提供◎界陽＆大司室內設計

085

雙面電視牆的高效能隔間

因為屋主有書房需求，在有限的坪數下隔出書房且不影響空間感，透過電視牆結合清玻璃的隔間做法減少視覺上的阻礙，以避免空間因牆面的阻絕而縮小，不及頂的電視石牆形成低壓迫的量體，並將書桌與書櫃藏在後方達到一物多機能的高效利用。圖片提供◎成舍設計

086

半高牆為公共空間軸心

置於空間的半高牆為寬敞的公共空間落下重心，也適度區分前後區域，半高牆一方面作為倚靠沙發的背牆，後方的收納功能設計用來對應後方泡茶區使用。圖片提供◎尚藝室內設計

087
利用大樑位置規劃廳房隔間

空間上方正好有一支大樑，於是順勢在此規劃一道懸空的電視牆，做為客廳與書房的隔間，前面旁邊則延伸設計玻璃拉門，在不影響採光穿透下，同時保有書房的完整性。圖片提供 © 演拓空間室內設計

◉ **材質使用。**電視牆選用經過特殊處理的氟酸玻璃，由於玻璃重量重，因此內部必須以金屬骨架支撐，加強耐重力。

◉ **施工細節。**LED 光束同樣須經由開關控制，因此要整合線路規劃。

◉ **施工細節。**投影機和升降台規劃在臥房衣櫃上方的天花板，事先須預留好線路，加上可透過玻璃遙控，充分達到科技生活。

091

⊙ **尺寸拿捏。**為了空間的流暢度，客廳傢具與隔間牆相互協調降低高度，減輕了壓迫感並增添了視覺的開闊性。

⊙ **材質使用。**半高隔間牆選用黑底白紋的天然大理石，表現出有如國畫般的潑墨山水，讓牆面也具有裝飾作用。

088
光牆屏風把隔間變時尚

呼應屋主追求科技感的生活型態，玄關入口運用獨特的不鏽鋼光牆設計，帶出立體 3D 般的光線層次，夜晚開啟時讓家更有氛圍。圖片提供 © 界陽 & 大司室內設計

089+090
電漿玻璃把電視牆、隔間變不見

追求科技感的年輕屋主，渴望能達到無線遙控的生活方式，客廳隔間看似與一般玻璃無誤，實則為電漿玻璃，透過遙控可轉換清玻璃、霧面玻璃質感，同時又能透過房內的投影機化身電視螢幕。圖片提供 © 界陽 & 大司室內設計

091
矮牆結合壁爐功能，創造開闊又獨立的休閒空間

為了兼具公共空間私密與獨立性，在開放式手法中加入彈性隔間元素，在書房與客廳之間利用半高牆界定區域，同時使用了拉簾提升私密性，而半高牆同時結合壁爐，營造出休閒度假的氣氛。圖片提供 © 尚藝室內設計

◎ **材質使用。**以金屬結構為主，再以木作封板後，於表面鋪貼人造石，並在鏤空處規劃燈光照明，增加變化性。

◎ **施工細節。**旋轉轉軸需事先計算好力矩，轉動時才會輕鬆不費力。

092
玄關屏風同時也是書房隔間

玄關屏風以鏤空透光的設計削減牆體的沉重感，並以旋轉轉軸讓屏風轉向，搖身一變成為與電視牆齊平、書房與客廳的隔間牆，使書房也能成為獨立空間，便於使用。圖片提供©演拓空間室內設計

093
玄關牆面鏤空設計，讓視覺延伸暗示客廳空間

配合入口左方的餐廳質感，以米色義大利洞石打造牆面用來界定玄關區域，並刻意牆上開出大大小小的方框，讓穿透視覺暗示後方客廳空間而不覺封閉，而方框也能簡單擺放藝品，創造出空間的創味性。圖片提供©尚藝室內設計

094
零距離隔間，一併解決影視需求

開闊的客廳旁安排了琴房，以透空的電視牆為分界因子，顧全兩個場域的獨立性；上下鏤空的設計製造出電視懸浮半空的個性創意，運用鐵管拉折出細緻且俐落的結構框架，並將電線路藏於鑄鐵管內，維持通透乾淨的視覺。圖片提供©成舍設計

◎ **材質使用。**玄關區域以鐵件格柵接著一面洞石所構成的牆面，並且刻意留下大小不一的方框，另一面則以精緻鍍鈦鋼板拼接，以對應不同空間質感。

◎ **施工細節。**由於鍍鈦鋼板硬度高，需事先精量尺寸並在工廠裁切預製，再至現場施工完成。

093

◎ **材質使用。**要讓牆面兼顧承重與輕巧，鐵件是第一首選，折出的線條也更具立體動感，並順勢牽引電線路，達到隱藏管線的美型作用。

094

◎ **材質使用。**矮牆以混材概念打造，兼具端景視覺。

095

超 Smart 矮牆雙面機能，共用端景牆

整合書桌與電視牆於一道矮牆，並置於客廳跟書房中間，一方面有效運用量體機能，將視聽與網路等線路集中整合，也讓空間兩端的展示立面相互成為兩區塊（客廳與書房）的端景視覺，半高的矮牆也拉出走道的開闊性。圖片提供 © 成舍設計

096

兼具隔間、採光與開放性

相較於客廳，書房採光較差，但又要讓兩者之間有所區隔，因此以石材主牆結合玻璃拉門，達到隔間效果也兼具透光及空間開放性，牆上再搭配設計感十足的時鐘，更具可看性。圖片提供 © 演拓空間室內設計

◎ **材質使用。**石材牆面旁邊結合長虹玻璃，凹凸的長條形材質能讓書房透光但不透明。

◁ **施工細節。**石材主牆為鏽石再做荔枝面處理，因此觸摸起來會有微粗糙的顆粒質感。

◎ **材質使用。**隔間牆採用木板材質，並採白色刷漆處理，搭配低重心設計，呈現簡約美感，與深色木地板形成色彩對比。

◎ **施工細節。**架高休憩檯面，在地板底部、電視牆下方融入收納空間，無論是置物或是作為視聽櫃體都好用，備足機能性。

097

電視牆界定和室，打造休憩區

客廳與休憩和室形成開放格局，以一面白色電視牆注入視聽娛樂功能，同時也作為兩者區域之間的界定，讓客廳、和室在開放式的通透格局下，也形成完善的場域區分，並形成一入門後的動線導引。圖片提供◎ 近境制作

098

半穿透砂岩柱體打造延續與界定

玄關區域以德國環保砂岩塗料刷飾有如石柱般寬窄不一的量體，利用黑玻及黑鏡給予反射拉長玄關高度的效果，並將隱私和穿透兼具的過度空間做低調且大器的詮釋。圖片提供 ◎ 寬月空間創意

◎ **尺寸拿捏。**柱體採取不同寬度比例為設計，賦予空間自然的設計感。

◎ **材質使用。**地坪選用復古磚,壁面刷上淡雅的復古漆,搭配法式風格的櫃體面板與腰帶網格,令玄關空間洋溢濃厚南法風情。

◎ **尺寸拿捏。**玄關為不到一坪的小空間,特別將復古磚從常見的 30 公分 ×130 公分,縮小成 15 公分 ×15 公分,還作了ㄇ型拉花處理,打造精緻小巧的復古歐風玄關。

099
法式面板營造異國風情

玄關面積不到一坪,需要滿足基本的鞋子、雜物等的收納需求,加上女主人希望玄關要有特色、予人深刻的第一印象,所以設計師運用復古磚與漆,搭配法式風格的櫃體面板,點綴上、下櫃之間的腰帶鏤空網格,濃濃的南法風格也應運而生,營造小空間卻能明亮舒適的效果。圖片提供 © 亞維空間設計坊

100
粗獷石牆兼隔間與美化作用

採用灰色天然石材作為電視牆,透過頂天立地的大面幅設計,營造自從天而降的設計感,不僅僅成為居家中的視覺主牆,更作為與後方空間的簡單屏隔,同時搭配圓弧天花設計,弱化了上方橫樑的壓迫,讓立面高度更提升,彰顯空間的大器感。圖片提供 © 鼎睿設計

◎ **材質使用。**牆面底材選用不鏽鋼網與不鏽鋼方管作支撐,採用天然辛巴尼石塊為面材,添加居家中的自然粗獷美。

◎ **施工細節。**石材施工較為費工,一塊塊地層層鋪疊,且石塊大小尺寸較為不均,必須鋪疊後在進行細部修整。

101

◎ **材質使用。**電視牆選用秋香木板,利用木素材元素,替空間帶來更多屬於家的溫度。

101
以電視牆界定功能屬性

位於房子正中間的入口,剛好將公私領域各自分界,有別於私領域,公共空間希望維持原有的開放感,因此藉由一道電視矮牆,將餐廚空間與客廳劃分,但同時又保留其連結性,此外將扶手與穿鞋椅功能融入電視牆造型,賦予狹長的電視牆更多實用機能。圖片提供◎絕享設計

102
玄關展示台,身兼隔屏與端景

入門玄關處配置一面木材質塊體牆面,正好與地坪的拼接材質線切齊,分界了玄關和書房區域,不只形成一種空間界定,更搭配上方懸吊燈飾的溫暖光源,形成一幅轉角處的恬靜端景,而置物檯水平線與燈飾的垂直線條,也勾勒出了線性的美感。圖片提供◎近境制作

103
半高隔牆保留穿透感受

實牆隔間容易失去空間開闊感,因此設計師藉由電視牆將廚房與客廳做出分界,各自獨立的同時又不失互動性。為避免大型量體隨之而來的壓迫感,厚度僅為12公分,並結合鐵件加強其結構,讓電視牆懸空展現輕薄、穿透效果,並以輕淺色調的白橡木皮呼應輕盈主題,適度點綴對比的黑,替柔和木紋增添個性。圖片提供◎絕享設計

【牆面】 隔間界定

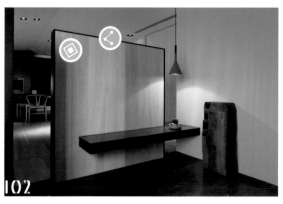

◎ **材質使用。**採用梧桐木紋木皮作為牆面材質,不僅質感細膩,素雅溫潤,且紋理通直,更具有牆面延伸拉長的效果。

◎ **施工細節。**牆面不作到頂,成為一獨立塊體,在區分領域的同時,也保有空間互通感,並將展示台嵌在牆面偏下方的腰線處,平衡整體視覺。

◎ **材質使用。**考量線材多為黑色,因此電視下方採用烤漆玻璃加深色美耐板,藉此淡化過多線條,讓畫面看起來更乾淨俐落。

104 　一體兩面電視牆同時也是隔間高手

開放式的客餐區,仍是需要一道牆來做界定,於是衍生出一道一體兩面的電視牆,
兩面都有擺放電視可提供不同空間的使用,不但清楚地將區域劃分了出來,也帶
出流暢的生活動線。圖片提供◎漫舞空間設計

◎ **施工細節。**由於是將電視鎖在牆面上,為了顧及使用安全
與穩定性,都有特別在施工上加強,以降低使用者疑慮。

◎ **材質使用。**牆面材質以石材為主,藉由這自然且獨特的質
地,營造出帶點低調奢華的味道。

◑ 施工細節。水泥部分先以鋼構為架構，再結合木芯板，然後上彈性水泥，而影音線路就藏在水泥結構內。

105
鏤空主牆打造半開放隔間

客廳電視主牆身兼隔間的功能，後方就是書房空間，白色烤漆牆面降低牆面的重量感，鏤空的開口設計則是透過後方光線的差異性，讓空間具有通透性，而非絕對的阻隔。圖片提供◎寬月空間創意

106+107
矮牆電視樓區隔主臥及公共場域

17坪1房兩廳設計，利用矮牆區隔公私領域，牆的一面是客廳，另一面則是臥房。因屋主喜好，客廳不做電視牆，而以收納櫃取代。走到臥房區，可見床組擺放在架高的木地板上，不做床架讓空間寬敞許多。區隔公私領域的矮牆取代床頭櫃的功能。圖片提供◎天空元素視覺空間設計所

◉ 材質使用。在客廳一側運用深色的拓彩岩，融入木製收納，為空間增添沉穩安靜的氣息，又兼具實用性櫃體。而主臥床頭則採胡桃木皮及白色漆。

◑ 尺寸拿捏。區隔空間的半牆透過精算深度約35～40公分，以便收納書本，高度約為110公分，上方為展示平台，實用性極強。

106

107

108
中式格柵矗立，有效分隔空間

將原本與客廳相鄰的隔間拆除，釋放出小型的起居空間，大量光線得以深入客廳。為了維持透光的效果，客廳與起居室以格柵區隔，格柵兩側並加上活動拉門，開放和隱蔽機能兼具，而中式格柵的設計也符合屋主喜歡禪風空間氛圍。圖片提供 © 大雄設計

109
鏤空主牆打造半開放隔間

客廳電視主牆身兼隔間的功能，後方就是書房空間，白色烤漆牆面降低牆面的重量感，鏤空的開口設計則是透過後方光線的差異性，讓空間具有通透性，而非絕對的阻隔。圖片提供 © 寬月空間創意

108

◎ **材質使用。**格柵之間以強化玻璃鑲嵌，讓光線可以依舊長驅直入，又能阻隔落塵。格柵兩側則輔以鐵件拉門，使起居空間在需要時能維持私密性。

◎ **施工細節。**製作格柵時需將木條固定於天花上，維持本身的穩固性，而木作之間的玻璃則以矽力康接著固定。

◎ **尺寸拿捏。**鏤空處以漸層疏密做排列，越靠近電視螢幕處越發散，避免後方光線、人影干擾觀賞影音。

◎ **材質使用。**玄關壁面分別以卡拉拉白大理石和黑網石鋪陳，格柵的側面則貼覆金屬，中間再採用玻璃阻隔，維持透光的輕盈效果。

II0+III
黑白對比的大器空間

一入門，氣勢磅礡的大理石壁面便映入眼簾，淺白的色系與右方的黑色鏡面，呈現黑白對比的強烈感受。而玄關壁面同時也以格柵交錯排列，減輕過於沉重的視覺。轉到客廳一側，為配合沉穩大器的空間，改選用黑網石，亂數分布的自然網絡，成為空間的矚目焦點。圖片提供 ◎ 大雄設計

II2
45 度客廳主牆後隱藏吧檯機能

由於整個基地為不規則，因此空間設計以客廳的三角形為角度變化做為發想，並利用文化石漆黑的主牆後方的空間規劃吧檯設計，運用黑與白的交錯與搭配，在空間營造低調奢華風格。圖片提供 ◎ 拾雅客空間設計

◎ **材質使用。**電視主牆以文化石染黑，後方設置吧檯及水槽，因顧及水電防水問題，因此吧檯用黑色毛絲面不鏽鋼呈現出高貴感，也有防水機能。

113
格柵隔間保有私密又不受打擾

主臥房的前後兩端為更衣室與衛浴，運用格柵般的主牆隔間設計，作為動線的隱喻，同時藉由光線或是影子，提示空間正使用中，也可降低光線打擾正在休憩的另一半。圖片提供 © 寬月空間創意

114
半高牆面界定空間領域

拆除原有的書房隔間，釋出連貫的整面窗景，採光更為良好。半高的木作電視牆區居於中，無形界定客廳與書房的範圍。懸浮的櫃體設計，刻意營造輕盈的視覺感受，再加上不阻隔視線的開放設計，有效擴大空間尺度。圖片提供 © 大雄設計

◎ **材質使用。**木作隔牆表面使用砂岩，以粗糙質感回應空間的自然訴求。

◎ **材質使用。**木作電視牆以鍍鈦金屬包覆，鐵灰的金屬亮面質感，略帶工業風的現代氣息。下方選以白色烤漆，形成對比之外，也藉此輕化量體。

◎ **尺寸拿捏。**整體電視牆的高度約 160 公分，是人站起來，視線也能不受阻礙的高度。為了能符合視聽設備的尺寸，下方的開放式收納則以深 50 公分、高 30 公分製成。

CHAPTER

1

牆面

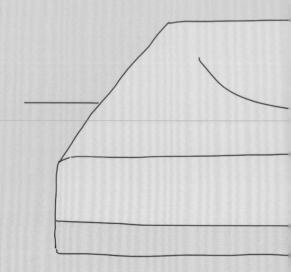

牆面＋收納
牆面＋隔間界定

牆面＋傢具

牆面＋塗鴉紀錄
牆面＋展示

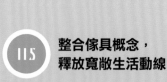

115 整合傢具概念，
釋放寬敞生活動線

不論是將床頭主牆與床頭櫃、梳妝台作結合，
抑或是沙發背牆融合書桌傢具，多者合一的
傢具物件能減少空間的多餘線條，更帶來較
為寬敞的視覺效果。

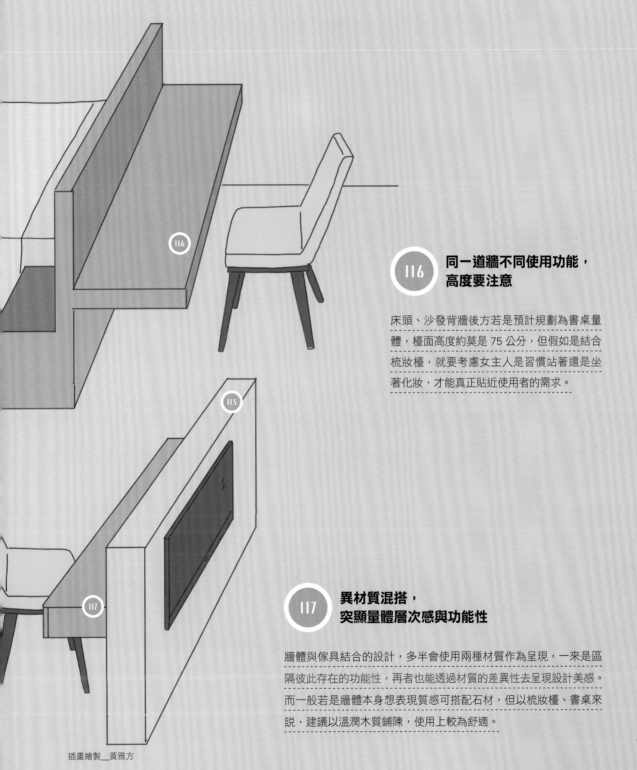

116

同一道牆不同使用功能，高度要注意

床頭、沙發背牆後方若是預計規劃為書桌量體，檯面高度約莫是 75 公分，但假如是結合梳妝檯，就要考慮女主人是習慣站著還是坐著化妝，才能真正貼近使用者的需求。

117

異材質混搭，突顯量體層次感與功能性

牆體與傢具結合的設計，多半會使用兩種材質作為呈現，一來是區隔彼此存在的功能性，再者也能透過材質的差異性去呈現設計美感。而一般若是牆體本身想表現質感可搭配石材，但以梳妝檯、書桌來說，建議以溫潤木質鋪陳，使用上較為舒適。

插畫繪製_黃雅方

118

119

尺寸拿捏●伸縮餐桌高度設定在 75 公分,比電視的 80 公分略低,無論是身處書桌或沙發都能舒適觀賞。桌子完全收納於牆後時,是巧妙內嵌於主臥梳妝掀板與鏡子之間。

118+119

電視牆暗藏 L 型餐桌

8 坪大的住家中,扣除廚房與浴室,只剩下 5 坪左右空間可以運用,設計師利用複合式機能規劃,賦予住家超高坪效。客廳是一家三口最主要的活動場域,為了能讓機能更加全面,電視機牆面除了原有的書桌與收納層板外,還在櫃體中內嵌一張餐桌,無論是用餐或閱讀都更加便利。圖片提供◎瓦悅設計

120

床頭主牆轉個身變化妝檯＋尿布檯

為了不用實牆區隔寢區空間,使空間變得過度零碎,採用不頂天的雙面櫃體,具備化妝檯、床頭背板等多重機能,巧妙劃分兩個不同區塊。落地衣櫃採亮眼的鮮黃色調,是為了身為醫護人員的屋主夫妻所貼心規劃,跳脫工作時單調的白,為居家寢區注入活躍生命力。圖片提供◎相即設計

120

尺寸拿捏●90 公分高度設計,正好方便趕著上班時能站著化妝加度速度,同時也具備收摺整燙衣物、甚或是尿布檯機能;兩側略高 5 公分的檔板設計,正是防止化妝小物滾落的設計細節。

◎ **材質使用。** 呼應自然為主軸的空間設計，大量運用如石材、薄石板、木皮鋪陳，連傢具也特別選用擬石頭質感的坐墊。

121
石牆融入書桌功能

客廳沙發背牆運用如壁爐造型般的石牆區隔開放式書房，石牆後方結合書桌傢具，搭配後方大面書牆的櫃體概念，打造隨處皆可閱讀的生活型態。圖片提供◎大湖森林設計

122+123
客廳、書房的一牆兩用

質感溫潤的大理石牆不單只是出現在客廳電視牆面，轉個身同時也是化身書房空間的辦公桌檯。搭配優雅的造型切割與細膩的包覆，令牆面不僅機能十足，本身也是空間中最優雅的藝術量體。圖片提供◎白金里居空間設計

◎ **施工細節。** 幾乎全部皆被石材包覆的巨大電視牆量體卻不顯笨重，原因在於特別將下方踢腳板約 30 公分處內推處理，搭配由上往下照的間接燈光，頓時呈現輕盈飄浮面貌。

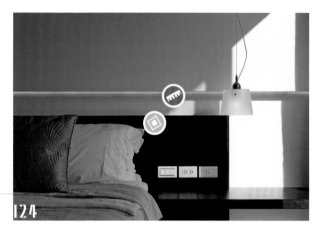

124

◎ **材質使用。**黑檀木鋼刷木皮紋理深刻、色澤飽和沉穩,與白牆輝映能呈現簡潔的內斂感。

◉ **尺寸拿捏。**牆面中段雖內縮 4 公分,但床板與上緣牆面水平切齊,所以不會產生參差的凌亂感。

◉ **尺寸拿捏。**雖然為同一傢具量體,但為了使用便利性,高度上也作出不同調整。總長 3 米 1,床頭櫃高度為 45 ~ 50 公分,書桌檯面為 75 公分左右。

124
主牆延伸整合邊几

床頭利用段差形成進退面,再內嵌 LED 燈條;既可使牆面脫去平板增加層次,二來也藉白牆預留揮灑空間,使人造與自然光堆疊出更多光影變化。捨棄活動傢具拼裝,直接將床板與桌檯結合,除能輕化量體亦讓傢具成為牆面風景。圖片提供 © 奇逸設計

125
床頭櫃與書桌合而為一

為了考量到風水問題,讓主臥大床不對入口,同時避開浴室門,設計師索性將床舖置中處理,再將大床背板、床頭櫃、書桌三者結合在一起,以「整合傢具」概念,減少多餘線條,使其變身單一空間量體,臥房也多了閱讀機能。圖片提供 © 相即設計

[牆面]
傢具

125

126

◉ **材質使用。**採用木皮型塑吧檯的自然紋理，桌面則鋪陳白色人造石，搭配霧面具科技感的灰色調塊體，產生異材質美感。

◉ **施工細節。**將電視牆嵌進吧檯桌體，刻意以高矮不同的排列方式呈現，在材質與塊體的不規則搭配下，增加牆面層次。

127

126 + 127
牆面結合吧檯，小空間高機能

在 10 坪的小空間裡，將高機能設計注入居家空間內，透過一片簡單的立面量體，巧妙結合了電視牆、餐桌、流理台等，並採用通透不做滿的低牆設計，讓客廳領域與餐廚區的使用者可自由對話，產生良好的互動。圖片提供 © 近境制作

128
沿牆找空間輕鬆變出書桌閱讀區

臥房常遇到這樣一個畸零空間，沿著牆面結合木作設計，規劃出了一個完整的書桌閱讀區，讓一個空間裡同時擁有兩種機能，無論是想專心閱讀還是想小憩，腳步移動一下就能獲得滿足。圖片提供 © 大晴設計

128

◉ **施工細節。**將層板釘在牆上衍生出開放式展示櫃，既牢固又不擔心鬆脫掉落。

◉ **尺寸拿捏。**書桌寬度約 120 公分，桌面內配置了約 4 個寬度 30 公分左右的抽屜，可有效地將文具用品做收納。

【牆面】傢具

131
電視牆橫向延伸多工檯面

在衛浴玻璃隔間之外設計了一道電視牆，利用電視牆面造型規劃了多功能平台，可做為化妝檯或簡易書桌，桌面上的物品藏在簡潔的電視牆後，讓空間保持簡單，仍蘊含諸多好用機能。圖片提供©CJ Studio

129+130
電視、隔間矮牆、書桌三合一

因應男主人對 3C 電子產品的重度使用習慣以及加班需求，將書桌、電視牆、機櫃等整合在一個多機能量體，給予男主人就能在臥室工作與使用視聽的便利性，機器設備與插孔皆藏在後方桌面下，以維持牆面視覺的乾淨。圖片提供©成舍設計

● 尺寸拿捏。特地規劃 1 米 2 的高度使男女主人在同一空間做自己的事卻能彼此不受干擾，ㄇ字型的設計塑造辦公桌的工作情境，不需額外隔出獨立書房也能達到專心效果。

◉ 材質使用。毛絲面不鏽鋼、清玻璃

 材質使用。人造皮

◉ **材質使用。**採用玻璃做為櫃體層板,需使用強化玻璃確保安全,玻璃具有穿透效果,若加入燈光設計,便可增加其穿透、輕盈的視覺效果。

132
床頭板與邊几一體成形

傢具設計以一體成形為主要概念,讓家具空間化,演繹著形隨機能的設計概念。房間空間色調以暖灰色為主軸,保持同一種時尚簡約的基調也營造輕柔舒服的空間氛圍。圖片提供 ©CJ Studio

133
讓主題牆面串聯空間的互動

不希望空間過於制式,又希望能各自劃分功能,設計師以一面主題牆滿足這些需求。首先採質選用木板加黑玻,利用黑玻做為櫃體層板,化解立面全是木作帶來的沉重感,櫃體部份規劃為書桌,節省空間的同時也具備開放式書房功能。原本各自獨立的客廳、餐廳、書房則藉由主題牆的串聯,擴大空間尺度的同時也更具互動性。圖片提供 © 邑舍設計

134
摺紙概念融合空間與傢具

打破牆面、天花板的僵硬框架,改以摺紙概念作為設計主軸,從臥房的地坪,到床頭轉折成牆面,向上成為主臥衛浴的天花板,並將空間包覆起來,還延伸成臉盆的檯面與浴缸,傢具和空間一體成形。圖片提供 ©CJ Studio

◎ **施工細節。**由於天花板有樑經過,由床頭板延伸的天花板也有弱化量體壓迫的效果,轉折接合處的曲線弧度經過精密計算與測量,創造出流暢無礙的效果。

CHAPTER

1

牆面

牆面＋收納

牆面＋隔間界定

牆面＋傢具

牆面＋塗鴉紀錄

牆面＋展示

插畫繪製＿黃雅方

135 黑板漆塗刷至少要 2～3 層，乾透後才能使用

黑板漆的粉刷方式，建議以滾輪塗刷較為理想，可讓塗料均勻分布之外，平整性也較佳。無論使用滾輪或刷子，至少塗刷 2～3 層較為理想，色彩飽和度也較好。施塗後，被塗面必須等 12～24 小時乾透後才能使用，建議乾透後再讓它靜置 2～7 天後再使用，可讓整體效果、質感更加穩定。

136 多樣色彩供選擇，清潔維護容易

黑板漆已突破色系上的限制，提供多種顏色選擇外，也可依所選顏色進行調色。使用時盡量避免以尖銳物去刮它，清潔保養時用濕布擦拭，即可將字跡、圖畫給清除乾淨。

137 磁性漆讓黑板漆多了鐵板功能

為了讓家中的黑板牆也能吸附磁鐵，只要在黑板漆底層，先塗上一層磁性漆，就可以吸附便條紙或是照片。

尺寸拿捏。書房地板架高 15 公分，孩子在地上玩不會感受到冰冷的地氣。

138
給孩子一面自由揮灑的牆

和客廳相連的客房，設計師特意開了一扇落地玻璃窗，並裝設白色木百葉，視需求賦予人和空間彼此串聯或各自獨立的關係。架高 15 公分的木地板，可讓屋主尚年幼的孩子作為遊戲室，一面黑板漆牆留給孩子揮灑滿滿創意。圖片提供 © 珥本設計

139
好擦拭、不掉灰的磁性黑板牆

黑板主牆位於客廳一隅，是與主臥更衣間的隔間牆，也是從大門進入的視覺端景。採取可用濕布擦拭重繪的環保黑板漆，其使用的環保粉筆也不會掉灰，是主婦一大福音。設計師特別在木芯底板上加上一層鐵板，除了增加平整度外，也令黑板牆具有磁性效果。圖片提供 © 法蘭德設計

施工細節。壁面使用環保黑板漆，需要專業施工。環保黑板漆其實是一層貼膜，施工時底材一定得非常平整，不然很容易失敗。

施工細節。牆面上完底漆後，黑板漆需塗上兩道以上，塗料分布才夠均勻。若是想兼具黑板和磁性功能，需先塗佈兩道磁性漆，再塗黑板漆，黑板漆的顏色才不會被磁性漆蓋掉。

140

140

黑板牆成為空間襯底

這是一個三口之家，屋主想讓小孩有個盡情揮灑創意的地方，在餐廳背牆塗上黑板漆，不僅能作為家人留言溝通的媒介，也能適時妝點家中風景。相鄰的書房拆除原有隔間，採光得以深入餐廚區，也擴大空間廣度。圖片提供©Z軸空間設計

141

烤玻、磁鐵留言牆面

取材自「湯姆歷險記」中的「樹屋」概念，將夾層上方設定為三個孩子的寢區，壁面的白漆樓梯隱喻台階意象，代表孩子的無限創意及想像力。樓梯下方則是餐廳旁臥榻區，不只具備收納機能，等同於雙人床大小的尺寸也可作為臨時客房使用。圖片提供©馥閣設計

材質使用。樓梯主牆實際由三塊烤玻鋪墊鐵片組成，下方則為白漆背景，露出象徵台階的白色線條，呼應「樹屋」主題。

尺寸拿捏。磁鐵牆面寬222公分、高340公分，除了能當磁性留言板外，孩子們也可用淺色白板筆在上面寫字、畫畫。

141

CHAPTER

1

牆面

牆面＋收納
牆面＋隔間界定
牆面＋傢具
牆面＋塗鴉紀錄

牆面＋展示

142 壁面展示，
讓家更有人味

開放型的陳列方式，讓壁面層次更顯豐富，可結合居
住者的喜好進行，利用牆面的展示生活物件、二手雜
貨等，讓家更富有味道。

3D圖面提供©緯傑設計

143 塗裝木皮板，
創造實木質感

牆面結合展示的櫃子或層架，沒有預算用實木貼皮，也可以選用現在最流行的
塗裝木皮板取代，這種木皮板是一種貼於薄夾板上的天然實木皮，表面進行鋼
刷處理，木層夠厚的話，有時候看起來甚至就像整塊原木。

五金選用。帽子展示所使用到的五金為黑鐵圓棒，搭配牆內嵌可抽取式螺栓。

144

144
抽取式螺栓 + 透空鐵網，創造收藏風景

利用客廳左側牆面規劃出展示功能的設計，牆面為亞麻仁油的壁材材質，採用藏青色可與室內黑色基調結合，書架部分為 V 字型透空鐵網，有 V 單元及 W 單元，讓這牆面可多元化組合書架。圖片提供 ©力口建築

145
琉璃、茶具專屬打光舞台

餐桌旁的展示牆面，規劃為顯性的琉璃收藏品展示架，以及門片內隱性的餐具、雜物收納。展示層架素材基本上都是相同的，單純運用光源角度與陳列方式，靈活表現茶杯、琉璃各自的沉穩、清透等不同屬性。圖片提供 ©相即設計

145

施工細節。不同櫃體依照展示品不同皆裝設所需的燈光效果。從茶杯適合的投射燈、隱藏燈管的側邊間接光源，以及裝設於層板底部，由下往上打燈，途顯琉璃的漸層設色與線條。

材質使用。壁面與天花採用一致的柚木貼皮，達到質樸的背景效果，成為突顯展示品的最佳舞台。

材質使用。展示窗底面為橄欖綠烤漆玻璃，方便清潔，內側四週框緣材質則為風化木噴漆。隱密的細節仍用心處理，大大提昇整體裝修質感。

尺寸拿捏。為了修齊原本牆面與柱體的落差，木作牆厚度約為20公分，而展示小窗深度為16公分，可放得下各種盆栽、燈具等物品。

尺寸拿捏。為了化解90公分X20公分立柱凸出的銳角，利用流線弧形壁板作修飾。上方的蛋型開放展示架高度為40～45公分，深度約15公分。

施工細節。圓弧流線壁板需要經過打底放樣，確認精準的尺寸與角度，再作出一道道不同厚度的立板木條支撐弧度變化。

146
木作展示牆解決壓樑問題

由於床頭上方有不規則的橫樑，於是使用木作牆面消弭各種凹凸轉角，令睡寢區整體視覺更加平整舒適。牆面刻意設計為不規則的展示小窗，可隨自己心意擺放盆栽、相框等裝飾品，當然也能單純當床頭櫃使用，擺放眼鏡、手機等隨身小物。圖片提供©明樓設計

147
流線壁板修飾柱體兼具展示

沙發旁遇到結構柱體轉角怎麼辦？可以使用造型木作壁板，畫上一道飄逸的流線型，頓時化解轉角的銳利感；再在上頭挖個蛋型展示區，輔以間接光源加以襯托，表現不按牌理出牌的趣味性，讓空間可以有更多的表情。圖片提供©明樓設計

148

● 材質使用●柜體以鐵件、木作相互勾勒成形，架構在觀音山石背牆上，造型簡單卻隱含禪意。

● 施工細節●運用預埋及洗洞方式固定層板及方管鐵件，達到不露螺絲的完美接合收邊。

148
開放層架對應用餐區，兼具實用性與裝飾作用

在鄰近餐廳區的牆面設計開放式層架，讓擺放的藝術作品成為端景，最下層增加抽屜式收納，可簡單收整杯盤刀叉等餐具，結構式的造型設計，使層架本身線條也具有裝飾性。圖片提供© 尚藝室內設計

149
樹枝狀造型增添隔間趣味

為了將空間可用性發揮至最大值，設計概念以餐廳與書房可重疊並用為主，在兩張桌子中間利用樹枝狀造型屏風分隔，鏤空處亦可擺放小物展示，滿足實用性也不失生活趣味。圖片提供© 演拓空間室內設計

149

● 材質使用●兩張桌子刻意使用不同材質，木質與白色的跳色讓空間多了活潑性。

● 尺寸拿捏●桌子大小必須配合隔間屏風的尺寸，可以選擇訂製的活動傢具，省掉找傢具的困擾。

150

櫃，也能如音符般的旋律跳動

琴房旁的牆面引入琴鍵音符的跳躍意象，不同高度的木製方盒、方柱此起彼落地散在牆上，配合燈光如同旋律般流洩，白色層板讓櫃面更加輕盈；展示牆亦匯集各種收納機能：除了依琴譜尺寸量身規劃的掀門櫃，也置入檯面與層板做為展示平台，其中部份檯面做內凹處理來放置零碎小物。圖片提供◎成舍設計

151

發光矮牆成為入門端景

作為玄關入口的第一視覺，以一道玻璃矮牆結合燈箱的設計端景，同時亦扮演展示與隔間的功能，量體混搭人造石、鐵件與玻璃材質，達到精緻細膩的空間質感。圖片提供◎界陽＆大司室內設計

◎ **材質使用。**底部使用淺色壁紙，在視覺上讓木製方盒、方柱跳脫而出，更具立體感；配合燈光設計使深沉木盒的組合展露律動。

◎ **施工細節。**展示平台有長達 400 公分的結構做為焊接，接著油漆進場將鐵件烤漆，裝設燈管並封上玻璃，最後再以人造石修飾木作平台，展現一體成型無接縫的效果。

◎ 施工細節。牆面運用灰色烤漆色調鋪陳，搭配金屬、鐵件材質基調更具質感。

152

152
幾何開口創造相片展示牆

客廳與玄關的隔間牆上，賦予幾個長形、矩形開口，開口深度約莫 3 ～ 5 公分之間，提供屋主收藏喜愛的全家福相框或是傢飾物件，亦兼具廳區的視覺端景。圖片提供 © 界陽 & 大司室內設計

153
既是牆也是櫃還是視聽架

運用梧桐木皮的紋理營造牆面自然氛圍，並善用木板縫隙做為 CD 收納區，除了收納櫃之外，也設計了打斜的梯式展示架，將視聽設備擺放於此，讓電視牆保持乾淨俐落。圖片提供 © 演拓空間室內設計

154
水管組合書牆，鮮黃色烤漆營造樂趣兼收納

由於餐廳的主牆才 200 公分不到，若用任何櫃體，反而會顯得太過擁擠，因此運用水管烤漆成鮮黃色，再透過水管零件及原木層板，取代傳統書櫃，也營造出俏皮十足的工業風，更界定出用餐空間，然後搭配實木鐵腳的餐桌及玫瑰金色吊燈，營造北歐溫馨感。圖片提供 © 好室設計

【牆面】展示

153

154

◎ 施工細節。樓梯式的展示架以斜放設計為主，層板剛好可卡於左右兩側，不用擔心穩固性。

◎ 材質使用。牆面選擇直紋的梧桐木皮，再搭配直向的切割線條，具有拉高空間的效果。

◎ 施工細節。想要維持水管的色彩，必須先將所有套管及零件至工廠烤漆，並將層板穿孔後，再進場先鎖上地板固定住後，再由下往上一層層套管，放層板再套管組裝。

◎ 尺寸拿捏。整個展示櫃高約 200 公分不到，寬度約 150 ～ 160 公分，裸露的水管可以吊掛任何飾品，十分好用。

155 拼貼火山岩主牆成藝術品舞台

住宅屬於私人招待所性質，宴客、聚會、友人留宿才是主要功能，因此，更加著重人與人的連結、互動，走入玄關，以結合展示櫃的主牆為隔屏，創造出環繞動線，形成開闊的圍聚場所。圖片提供◎寬月空間創意

◎ **材質使用。**質樸火山岩以寬窄、厚度不一的拼貼方式，以及結合實木條與燈光效果，以材質的變化性增加設計的細膩度。

156

尺寸拿捏。為了解決電箱、樑柱等牆面的高低不平問題，主牆運用木作拉平，只保留 20 公分的櫃體深度作杯子展示櫃。吧檯高 120 公分剛好能阻隔來客視線，內部桌面雜物不外露。

材質使用。原本的走廊上方採用雲杉作天花、拉齊厚樑。吧檯則以木作為主體，並選擇馬卡龍的淡綠為主色，精心調製出輕盈同時具備南法風味的慵懶、暈染色調。

拱門展示架點出南法鄉村主題

空間的前身為車庫，為了解決入口壁面非常不平整的問題，遮蔽電箱、樑柱等不能挪移的固定量體，設計師利用木作作出一道平整的主牆面，切割出南法鄉村風格的拱門展示架，渲染清新的馬卡龍綠，擺上主人精心收藏的可愛杯盤，完美營造溫馨可愛的吧檯小天地。圖片提供 © 亞維空間設計坊

玄關端景牆佈滿蒐藏喜好

利用玄關區內的牆面與空間，砌了一道端景牆，同時也兼具收納展示櫃之用。牆面不單只是牆面，還多了置物與展示功能，可以將自己的蒐藏喜好展示出來，也能讓小環境裡多了一處製造視覺焦點的設計。圖片提供 © 豐聚室內裝修設計

材質使用。刻意在櫃體的門片中貼了木皮，在全為純白的同色系中創造出對比視覺感。

施工細節。櫃體除了作為展示櫃也有的則是結合抽屜形式，讓使用功能能夠更多元。

● **材質使用**・牆體以天然石為面材，適時添入不鏽鋼材質，將灰階色彩作出協調搭配，並在粗獷感與金屬感之間，豐富材質層次。

158

158
牆面結合端景，機能融合美感

採具粗獷紋理的大面積灰色石牆，添加了居家空間裡的天然表情，並於牆體中央作出狹長的內凹空間，以通透深色鏡材質為背景，成為一道精巧的展示置物台，並融合了天花板的懸吊燈飾、泡茶木桌等，形成深具禪意的大幅美感端景。
圖片提供© 鼎睿設計

159
風雅有致的用餐空間

喜歡留下旅遊記憶的屋主，將在希臘旅行的視覺經驗實體化，輸出大型的相片並貼覆在餐廳的假窗，餐桌刻意與假窗同高，讓視線彷彿向外延伸，在用餐時也能欣賞風景，完全顛覆原本狹隘的空間，營造浪漫風雅的餐敘環境。圖片提供© 摩登雅舍室內裝修

159

● **材質使用**・在木作牆面加上兩扇百葉假窗，而中央的風景則用大型相片輸出，背面再以魔鬼氈貼覆，方便隨時能夠替換。

施工細節。纖細的鐵件展示架，後方以一個正方形鋼板為底，再將鋼板鎖在隔間牆上，最後再貼木皮。

160
十字鋼板架，隨意擺都好看

餐廳後方牆面採取 3mm 薄的鐵件構築十字造型展示架，即便沒有擺放傢飾，本身也是一種裝飾。圖片提供 © 懷特室內設計

161
鏤空展示牆讓環境有了界定

餐廳與起居間皆為開放式設計，但為了讓兩個環境能有所界定與區隔，在中間加了一道鏤空展示牆，穿透性設計不破壞彼此的視野與尺度，也能空間的表現在視覺上更清晰俐落。圖片提供 © 大晴設計

施工細節。鏤空牆沿樑下運用木作重新砌出一道新的牆，由於寬度依樑作為基準，呈現時就不會覺得太突兀。

材質使用。展示櫃中有運用包覆木皮的層板做層格切割，恰好與其他櫃體色系相呼應。

162

施工細節。周邊適度的留白以及跳色處理使櫃體本身亦具有展示作用。

162
色彩與留白，格櫃成為展示端景

經過牆面與櫃體的比例拿捏，讓展示櫃停留在牆面中心，高度的特意安排也使之成為空間的端景視覺。身兼展示與書櫃用途規劃出多個收納格，以固定且等距的方格架構出秩序美，也能壁免太多重的層次框架與擺入展示物品後產生的凌亂感。圖片提供 © 成舍設計

163
牆結合餐桌，還多了收納機能

為了提升公共空間的對話互動性，刻意將電視牆與吧檯作出結合，讓此牆具備視聽娛樂與用餐機能，同時在牆的表面嵌入收納展示櫃，切分出線條美感，此多功能設計不僅一物多用，更展現出量體與異材質材搭配之美。圖片提供 © 近境制作

材質使用。電視牆吧檯採用紋理深刻的實木皮鋪陳，彰顯自然材質，與背景牆形成呼應，在光影之間形成溫潤自然的質感。

施工細節。經過載重測量，以灰色鐵件作為櫃體材質，讓冰冷特質與溫潤木質形成對比，並透過薄鐵片的特性，使收納空間更大化。

◀ 施工細節。依車架尺寸與角度設計吊掛牆，三條皮革繃布避免車架跟牆面的碰撞，也恰巧豐富牆面表情。

164

單車車架化身獨特的展示藝術

玩單車的業主需要一處組合單車以及展示車架的空間，將工作區安排於客廳後方，並結合兩者需求，直接讓屋主心愛的車架與組裝工具成為展示品，也是公共空間的展示端景。圖片提供 © 成舍設計

165

獨一無二的個人化形象牆

以屋主個人的珍藏做為玄關進門的第一視覺，大理石底座襯出單車的獨特與珍貴，利用白色文化石為底，散發出年輕人的率性氣息，並將屋主愛好的重機、跑車、單車品牌標誌透過等比放大的雷射切割，成為最具個人化的自我展示牆。

圖片提供 © 成舍設計

◉ 材質使用。白色文化石體現屋主年輕與率性的特質，做為重機、單車、超跑的 LOGO 稱底再適合不過！LOGO 使用黑鐵雷射，黑白對比加上打燈整體形象更加鮮明。

166

沙發牆加端景台，展示立體美

客廳的沙發背牆作出大面積造型設計，打造令人深刻的視覺印象，同時，也隨意作出幾個內凹檯面的設計，裡頭搭配優雅的光源照明，再擺放上書籍、家飾或藝術品，形成展示端景的作用，美化了居家表情。圖片提供◎近境制作

167

造型書牆串聯空間主題

對應屋主喜愛開闊的空間感，因此客餐廳以開放式做規劃，在偌大的牆面，以黑、白色烤漆的木板作縱橫雙向交錯設計，打造兼具書櫃與展示櫃功能，充滿線條感的櫃體，不僅具備串聯客餐廳功能，極具視覺效果的造型牆面，更有放大空間效果。圖片提供◎邑舍設計

◎ **材質使用。**牆面採木作烤漆，在淺色調中釋放細膩紋理，並在展示檯面以鏡面為背景材質，照映出展示品的 360 度面向。

◎ **施工細節。**將層板作出彎折的角度，並採用進退面的交錯手法片片拼接整個牆面，營造出居家空間的立體律動感。

◎ **施工細節。**以厚實的縱向木板嵌入牆面，再將橫向板以不接牆方式跨在白色木板上，好讓上端光源可流洩而下。

材質使用。 開放的展示櫃體沿牆面分割，以表面帶有橫紋的磁磚鋪底，並加上間接照明，光線灑落使素材的肌理更為突顯，呈現豐富的視覺層次。

168

材質使用。 從天花板至牆面，甚至桌面平台，都是由松木建構而成的，搭配木柱卡榫，可以掛物收納，或是加層板展示。

施工細節。 由於要掛鍋碗瓢盆等物品，因此木柱的支撐力很重要，透過角料及松木板要與實牆距離約 10~15 公分的距離，木柱長度也不能超過 50 公分，才能牢牢地支撐吊掛物品。

168
分隔層架弱化氣窗存在

屋主本身的物品繁多，再加上壁面上方有橫長的氣窗，牆面出現缺口。為了平衡視覺，沿著氣窗陸續切割出或直或橫的開放層架，將氣窗隱匿於中，藉此弱化存在。而左右兩側設計密閉的大型櫃體，滿足大量的收納需求。圖片提供◎大雄設計

169
超強機能的洞洞板牆設計

這才 14 坪的小空間裡，要容納客餐廳及睡眠機能，因在這個廚房及餐廳的轉折牆面，利用松木層板以小木屋的想像，打洞加活動木柱及層板、掛勾的方式，增加廚房及生活中的收納機能。而最下層則為 L 型桌面及檯面，方便活動時擱物使用。圖片提供◎好室設計

169

施工細節 • 利用木作夾板偷一點空間以放置所有管線，包括電線、照明等等，然後用文化石及造型展示架營造電視主牆風格。

170

170

電視主牆內隱藏管線，蜂巢展示架形成焦點

在這 13 坪的小空間裡，客廳保留挑高設計，電視主牆以文化石做了假牆，將管線隱藏在牆壁夾縫裡，而蜂巢狀的展示架以綠櫃黃底在白色牆上形成焦點，並將設計語彙延伸至電視下方的機體收納櫃，裡面擺放屋主旅行時收集的各式收藏品及ＣＤ，也化解牆面的單調。圖片提供 © 拾雅客空間設計

171

達到展示、點綴空間的目的

由於有辦公的需求，在原本空無一物的空間中設置入門端景牆，並依牆納入桌椅，圍塑出會議區域。端景牆的背面嵌入黑色開放櫃體，不僅可作為展示作品之用，也能藉此點綴美化空間。另一側的牆面則用花磚鋪滿，成為空間的矚目焦點。圖片提供 © 摩登雅舍室內裝修

171

材質使用 • 在淨白的端景牆內，嵌入全黑的木作櫃體，呈現黑白對比的強烈視覺，牆面兩側則用雕花玻璃界定區域，也讓空間保有適度的隱密。

CHAPTER

2

櫃體

櫃體＋儲藏

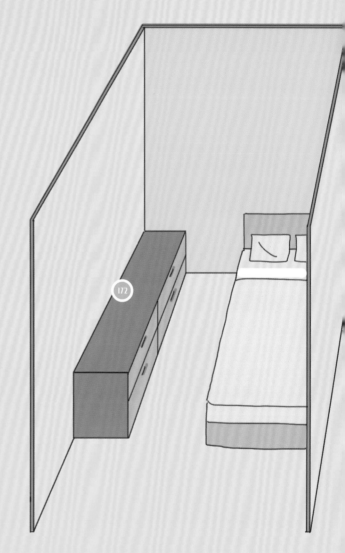

172

174 鋼琴烤漆 可展現光亮質感

鋼琴烤漆為多次塗裝的上漆處理，工序至少會有10～12道以上，再加上需染色、拋光打磨，因此價格高昂，而一般烤漆的工序較簡單，大約3～4道，價錢則再稍低些。

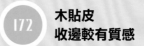

172 木貼皮
收邊較有質感

木作櫃收邊最常用的則為木貼皮收邊，木貼皮可分為塑膠皮和實木貼皮。實木貼皮的表面為薄0.15～3mm的實木，背面為不織布，需用強力膠或白膠黏貼。不過，用強力膠黏著的話，櫃體表面不能再上油漆或油性的染色劑，否則會產生化學作用而脫落。

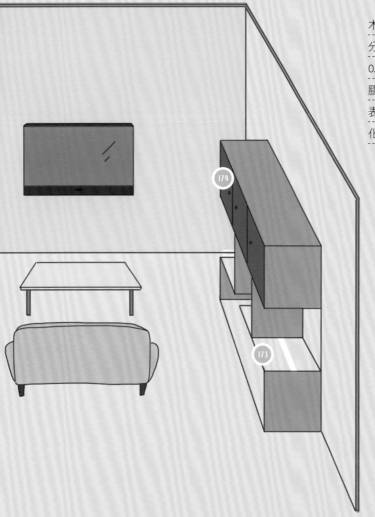

173 跨距最長不要超過 120 公分，
層板加厚更耐用

一般來說，系統書櫃的板材厚度多規劃在 1.8～2.5 公分，而木作書櫃如果想增加櫃體耐重性的話，有時也會將層板厚度增加到約 2～4 公分。櫃體跨距的部分，系統櫃應在 70 公分內；而木作櫃的板材密度較高，可做到 90 公分以內，但最長不可不超過 120 公分，以免發生層板凹陷的問題。

175
曲線櫃化收納為積木玩具

渡假空間以趣味做設計主軸，利用曲線造型讓原本方整示人的櫃體，搖身變成大型的侏儸紀恐龍骨頭拼組積木，既吻合實用也因非線性變化增加想像空間。流線蔓延至天花，除了強化區域整體感，也讓日夜光影表現更具活潑感。圖片提供©大器聯合建築暨室內設計事務所

176
收納櫃牆增加廳區儲物量

客廳保留舊窗增加對流與光線，但因與玄關直接連通，為避免開門見窗的風水煞氣，於是用對稱手法拉大櫃體尺度使牆面產生平衡感。藉兩扇淺灰活動門片化解深色背景的厚重，再透過門片開闔使櫃牆表情能有更豐富的變化。圖片提供©大器聯合建築暨室內設計事務所

177
90 公分矮櫃可供整燙摺疊衣物

ㄇ字型床頭板轉折連結長度為 180 公分的抽屜矮櫃，材質延伸使用手法令臥房視覺更有整體感。矮櫃規劃為 12 個抽屜，以彌補衣櫃收納不足。櫃體檯面可供摺疊衣物，舖上厚布亦可用來整燙衣服使用。圖片提供©相即設計

◎ 施工細節。曲線櫃尺寸精確度要求高，板材最好直接在工廠進行雷射切割後再到現場組裝。

◎ 材質使用。用淺色楓木可輕化量體、保持明亮表情，襯上灰噴漆背板則可增加視覺層次。

◎ 材質使用。櫃牆除木、鐵之外還背襯深灰壁紙，藉複合式材質交疊出更細膩的視覺享受。

◎ 施工細節。門片以溝縫拉高視覺再用黑鐵件強化線條，除可增加材質對比外，當門片分立兩側，黑鐵件亦可形成邊框效果。

◎ 尺寸拿捏。矮櫃高度設定為 90 公分，方便工作檯面使用時，無論是摺疊或燙整衣服，都能在不彎腰的情況下輕鬆進行。上方展示架則後退 20 公分，保障屋主低頭使用時不會撞到。

◎ 材質使用。矮櫃檯面採用強化黑玻，透明特性方便找尋第一層抽屜擺放的配件、首飾；其具備一定耐熱度，但燙衣服時還是得鋪墊厚布確保安全。

178　**270 度使用的收納量體**

環繞著一入門的粗柱，組合式量體貫穿玄關、客廳、餐廳，身兼玄關櫃、貓別墅、備餐檯等多樣機能，可以 270 度使用的面向，令運用機能達到極致。屋主喜愛的黑白色調自然融入住家之中，營造摩登簡約的時尚面貌。圖片提供 © 白金里居空間設計

◍ **尺寸拿捏。**整合一入門玄關櫃與餐廳備餐檯設計的超大玻璃量體，其實是為屋主的愛貓精心打造的超豪華貓別墅，擁有寬1.8 公尺、高 2.1 公尺的寬敞空間。

◍ **材質使用。**以黑色烤漆與清玻璃交錯搭配，加上玻璃門可視需求開啟或關閉，讓貓咪遊走其中。貓砂盆則放置於貓房下方的抽屜，讓主人收拾起來更加便利。

179
打開巧克力櫃體，衣服、鞋子、設備通通都能收

客廳存在著大柱體，設計師順勢以柱體深度規劃出大面收納櫃體，一格格有如巧克力般的櫃體門片之內為鞋櫃和衣帽櫃，最左側摺門內部則是書櫃與展示櫃，將多元的收納全部集中在一起。圖片提供 © 甘納空間設計

180
U字型電視櫃體界定空間場域

由科技感的喇叭及電視造型延伸設計的U字型電視櫃體，為客廳帶來強烈的視覺焦點，同時藉由漸進推升的斜面天花設計，弱化結構樑體的窒礙衝突。並在電視櫃下方做機體收納，左側則為CD櫃體收納，讓收納、機能、美觀中取得平衡。圖片提供 @ 子境空間設計

181
將強大收納機能隱藏在空間裡

透過架高木地板及書桌兼沙發背牆設計區隔出公共空間裡的客廳及書房場域，染黑胡桃木檯面下則設計為抽屜式的文件櫃及對開的收納櫃體。另玄關櫃延伸至餐儲櫃的強大收納機能，以黑色溝縫部位隱藏把手設計，同時也突顯白色烤漆櫃面的明亮俐落感，也強調視覺對比，滿足住居者的使用需求及機能。圖片提供 @ 子境空間設計

【櫃體】儲藏

▶ **五金選用。** 左側展示櫃搭配摺門，透過十字鉸鍊、上下軌五金，可彈性決定開放或闔起。

◉ **材質使用。** 運用黑板漆、木皮染黑、壁紙等材質去創造出不同質感的黑色。

▶ **尺寸拿捏。** 約 400 公分長的 U 字型電視櫃體隔屏，回字動線加上不做滿的手法，讓客餐廳保持通透感。

◉ **材質使用。** 以木作手法彎出 U 形曲線，為空間帶來線條感，同時也減輕用甘蔗木包覆的結構樑。

◉ **材質使用。** 沙發背牆兼書桌採胡桃木染色處理，玄關櫃及餐儲櫃則以白色烤漆處理。書櫃的名片把手及高櫃的黑色溝縫把手，線條更簡潔一致。

182
白色方塊堆疊，裝飾藝術收納

屋主有大量展示收藏需求，特別在客廳及餐廳的轉角牆面，以積木錯落堆疊的概念，設計一道結合開放及隱閉式收納的牆面，作為收納及陳列藝術品的展示區，醒目的造型也成功的妝點空間。圖片提供 © 尚藝室內設計

183
雙色櫃體整合收納，懸空更輕盈

房子小更必須透過被整理的機能，才能避免壓縮空間坪數，將玄關、客廳必須功能整合為一面櫃牆，隱藏鞋櫃、書櫃、收納櫃，電視牆下方懸空設計還能收納玩具箱。圖片提供 © 甘納空間設計

184
黑板漆櫃集中收納鞋物、書籍

從玄關延伸至內的黑板漆櫃，整合了收納鞋物、衣帽、書籍甚至是書桌的功能，淺木色平檯的深度則提供隨手擺放鑰匙用途。圖片提供 © 甘納空間設計

◎ **施工細節。**白色方塊為木作噴水噴漆，事先預製後再在現場堆疊組合成牆面。

◎ **材質使用。**櫃體以白色烤漆搭配胡桃木皮做對比呈現，讓量體更有層次與變化性。

◎ **材質使用。**屋主從事日語教學，常需要與友人討論課程，因此櫃體表面刷飾黑板漆，方便書寫。

185
收納變成裝置藝術

通往臥房的走道牆面，利用走道寬度增加淺收納櫃，方便存放衛生備品，直紋背景之下以幾何方塊堆疊創作出像畫作般的儲物櫃。圖片提供@水相設計

186
鐵板與木作展現收納美型

收納櫃本身也可以是空間中的美感焦點，運用鐵板結合木作的手法，再藉由粗細不一的切割，讓櫃體能符合不同尺寸的展示物品，即使什麼都不放，也是美麗的風景。圖片提供©演拓空間室內設計

187
收納機能、轉折動線巧妙結合

書房後方的牆面結合書櫃，滿足了書籍收納與展示需求，並透過黑色與白色的反差色彩搭配，型塑簡練的人文之美，並讓此牆一路延續至走道，形成居家中的過渡地帶，串聯起了公共空間與廊道，成為一道導引的動線。圖片提供©近境制作

◎ **施工細節。**櫃體形式化後因而藝術化，看似冷靜的幾何線條，其實被賦予如一幅畫作的生命力。

◎ **材質使用。**為了讓櫃體呈現更俐落的質感，層板選擇薄型鐵板取代較具厚度的木板。

◉ **尺寸拿捏。**雖然寬度、高度因分割造型而不同，但還是要考量一般收納物品的尺寸，才能兼顧實用性。

186

187

◎ **材質使用。**以鋼琴烤漆作為櫃體面材，展示架層板則採用黑鐵，創造霧面與亮面、黑與白的對比趣味。

◎ **材質使用。**木皮底板讓整座白色櫃體跳脫出變化。

◎ **材質使用。**開放式衣櫃採用商空設計用的白色烤漆鐵管做支架,而柱面空間也不浪費,透過金屬橫桿,增加收納機能。

✐ **尺寸拿捏。**利用柱子的深度,搭配寬約 120 ～ 150 公分,高約 180 公分,分為上下兩層,讓衣物收納機能發揮到最大。

◁ **施工細節。**相較於一般水泥粉光的色澤偏淺灰色調,此處水泥牆面是經過不斷試驗而來,獨特的漸層色澤,與凹凸立體紋路,原始中帶有粗獷的視覺效果。

188
隱身於牆的儲物收納櫃

利用房子先天的牆面在餐廳延展出一道大型儲物櫃,將收納需求統整於立面,隱身於牆體的收納設計,不僅好收也讓空間視覺更加乾淨,順著電視牆延展出的淺櫃做為展示用途。圖片提供◎成舍設計

189
高低落差結構創造收納櫥櫃

利用獨棟住宅既有的複合樓層特性,一樓的落差處闢出收納櫃體,可將客廳常用到的雜物整理於此,或是擺放書籍等等。圖片提供◎緯傑設計

190
開放式衣櫃,金屬橫桿掛書也可掛領巾

開放式衣架,設計師體貼的在下方設置嵌燈,讓空間光線柔和,在整理衣物時提供足夠的照明。壁上的金屬橫桿,放上書本不僅可遮蔽原來消防警報按鈕,也很有藝文氣息。圖片提供◎天空元素視覺空間設計所

施工細節。獨立出來的長型"街"櫃,其櫃體的背面,為進入主臥、書房的門廊,也區隔出另一個,從更衣區、主臥到書房,最後將視覺停留於電視石牆的視覺走廊。

尺寸拿捏。長約 250 公分的長櫃,為輕量化櫃體視覺,刻意將下方內縮,上方鏤空穿透,達到採光通風兼具。

191
玄關櫃轉角魚缸,兼迎賓地景及夜燈

透過一個物件,是一個過渡的走廊,也是一面儲藏功能的牆體,來串接公共廳區,與私密房間的連接。走道上的櫃牆,轉角設計一個魚缸,不僅具備展示功能,用以進出內外迎賓的地景;也作為深夜回歸,留給家人的一小盞光明。圖片提供 © 尤噠唯建築師事務所

192
善用環境變出儲藏室不再是難事

空間僅 20 坪大要擁有儲藏室不再是難事!設計者善用空間挑高優勢,在書房的夾層下方,規劃餐櫃及大型物件的儲藏室,結合拉門可以做不同收納與儲藏的轉換,除了做到善用環境,也讓家中隨時保持井然有序的樣貌。圖片提供 © 漫舞空間設計

193
一櫃兩用,空間更乾淨

喜愛乾淨簡單的屋主,對於居家也要求簡潔俐落,再加上只有一人居住。因此一入門僅以一座懸空的方形櫃體作為鞋櫃。而櫃體右下方刻意改成開放式,可放 DVD 等視聽設備,同時兼具玄關和客廳櫃體的功能。亮藍色的烤漆,在黑白空間形成最吸睛的焦點。圖片提供 ©Z 軸空間設計

五金選用。儲藏室的門以拉門為主,特別將軌道設置在上方,進一步做到善用空間,增加開關門的方便性。

材質使用。以薄片的黑色石材貼覆在木作櫃上,呈現原始素材的肌理,自然石材也呼應白色火頭磚牆的粗獷感受。

尺寸拿捏。由於需同時收納鞋子和視聽設備,櫃體深度做到 45 公分左右,不論哪個都能隨心所欲放置;70 公分的寬度,在空間中呈現適當的比例。

194 倒臥在櫃體間的絕妙設計

屋主本身喜歡無造作的 Loft 風格，對設計的接受度也高，因此刻意在電視牆面以歪斜的櫃體做出視覺的突破，看似倒臥在兩個櫃體之間，成為空間中最吸睛的焦點。如煙燻般的門片，粗獷又沉穩，與霧灰色的空間調性相輔相成。

圖片提供©Z 軸空間設計

◎ **施工細節。**在兩個系統櫃之間，以壁虎固定中央的櫃體，同時需準確測量櫃子角度，避免過於歪斜，導致門片難以開啟。

▷ **五金選用。**門片以美耐板貼覆，在門片的中心軸線和連接櫃體的地方，皆以鉸鍊開闔，讓門片得以ㄑ字型的方式開啟。為了增加門片承重力，而增加鉸鍊的數量。

運用反骨設計的線弧與結構設計玩 Wii 的電視櫃

由於屋主的 Wii 的配備十分齊全,因此在設計這個電視櫃時,可說是為遊戲機量身打造,甚至拿掉一個隔間,讓遊玩的空間變大。透過流線型線條設計櫃體結構,營造視覺焦點及趣味感。圖片提供 © 天空元素視覺空間設計所

🔵 **材質使用。**運用木作曲線做出有流動韻律感的電視牆造型,開放式設計,讓遊戲機的無線可以無阻礙傳達。

🟢 **尺寸拿捏。**由於是造型櫃,難以計算尺寸,透過精細計算,在寬約 3 米的牆面,讓櫃體看起來恰當剛好。

◎ **材質使用。**以木作烤漆施作櫃體門片,並在表面加上直線造型,與通風氣窗相呼應。門把五金的造型則特別使用具有禪風的語彙,與空間調性相連結。

◎ **材質使用。**櫃體以木作製成,表面加上線板,呈現獨特的造型語彙,而下方床頭特別採用深色的木皮貼覆,形成有層次的視覺效果。

◎ **施工細節。**固定電視區的懸吊式平台時,是利用壁虎打入牆面以便維持支撐力,在施工時要注意打入的角度和位置是否準確,避免發生需重新拆除的情形。

196
變更格局,創造儲藏空間

這是一間 40 年的老屋,由於原始格局不佳,決定重新配置。電視牆面刻意往內部移動,利用牆面的深度界定出玄關區域,而這深度也足以做出足量的收納空間。面向玄關的一側是作為鞋櫃使用,內部還可收納外出的大衣和雨傘;另一側則是大型的儲藏室,可放置腳踏車等物品。圖片提供©摩登雅舍室內裝修

197
收納倍增的設計

運用鄉村風獨有的線板、溝縫設計,在主臥樑下的畸零空間規劃對稱式的收納櫃,下方包括床頭板也是上掀的棉被櫃,特別訂製的床架也向兩側做出床頭櫃體。善用空間的巧思,不僅避免床頭壓樑的風水問題,更讓收納機能倍增。圖片提供©摩登雅舍室內裝修

198
善用空間做出足量收納

利用電視牆後方的畸零空間,分別在玄關和書房做出收納區。玄關設計半高的櫃體,百葉的門扇成為通風的絕佳路徑,右側牆面則做出置頂的收納空間,讓收納量大的屋主,有足夠的空間存放,而電視牆也做抽屜平台可置放遙控器等小物。圖片提供©摩登雅舍室內裝修

櫃體＋儲藏

櫃體＋隔間界定

櫃體＋傢具

櫃體＋展示

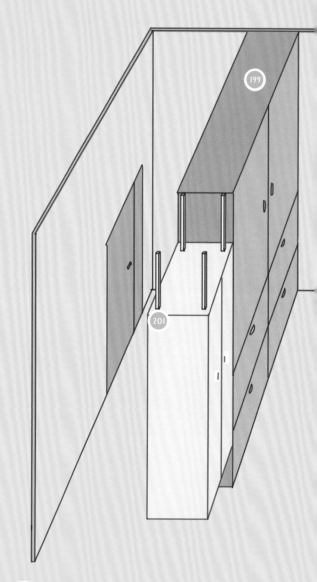

199 複合式櫃體取代隔間超實用

當空間深度夠的話，不妨結合不同深淺的收納
機能櫃，組成一面隔間櫃，根據使用空間可調
配出不同的收納機能，又能界定空間。

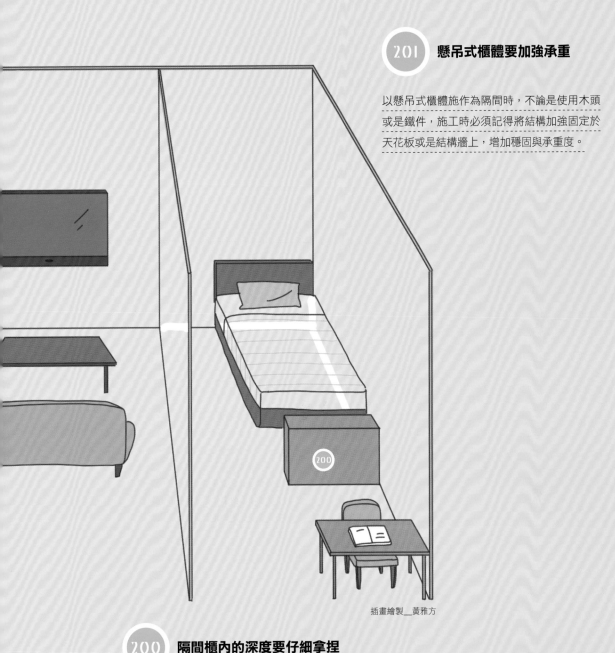

201 懸吊式櫃體要加強承重

以懸吊式櫃體施作為隔間時，不論是使用木頭
或是鐵件，施工時必須記得將結構加強固定於
天花板或是結構牆上，增加穩固與承重度。

插畫繪製＿黃雅方

200 隔間櫃內的深度要仔細拿捏

既然是兩個空間共用的櫃子，收納物件的種類與櫃子深度息息相關，如果是玄關和餐廳共

用的櫃子，一般鞋櫃深度約為 40 公分，但是電器櫃就最好留 60 公分寬和深，假如是電視

櫃和書櫃結合，CD 深度大約只要 13.5 公分，而書櫃就必須留到 35 公分左右。

202

○ **材質使用。**5mm 黑鐵鏽蝕染色結構板加 8mm/th 強化清玻璃。

○ **施工細節。**結構需固定在垂直面向並延伸到天花板與地板固定，水平結構則須考量面對廚房時好取書的舒適高度，並依書本大小來做高度的調配。

202
玻璃書櫃區隔空間，帶來豐富光影

書房後方擁有都市難得的山景綠意，加上室內大量採用黑色系為基底，因此廚房與書房之間便採用可延伸視覺又具輕透視感的書櫃取代隔間，讓更多自然光線可漫射到室內，光線從書本間的縫隙穿透也形成有機的光影變化。圖片提供◎力口建築

203
仿壁爐櫃體劃分臥房功能

主臥房空間不再設置隔間、拉門予以劃分不同的功能屬性，透過仿壁爐造型的櫃體設計，創造出彈性的睡寢動線，也提供抽屜＋門片式的收納機能，櫃體背面則兼具床頭使用。圖片提供◎大湖森林設計

203

○ **材質使用。**作為床頭板使用的牆面，使用皮革繃飾，比起硬梆梆的木頭更為舒適柔軟。

204

浴櫃、玻璃分隔寢區機能

主臥衛浴採半穿透設計，搭配踢腳板內
推與燈光設計，解決小空間中、實牆隔
間將會形成的壓迫感。區隔兩邊的木作
矮櫃，其實是供衛浴方向使用的單面櫃，
在寢區側作出溝槽模擬抽屜，令視覺靈
活、不呆板。圖片提供 © 相即設計

205

鐵件櫃體展現輕薄的視覺感，鏤空設計掌握空間動態

家人相處的交誼廳包含著一個多功能空
間，平時作為小朋友的遊戲室，也是親
友留宿時的客房，利用穿透式的展示架
劃分出 2 個區域之間的獨立性，同時能
隨時看顧小朋友的活動動態。圖片提供 © 森
境 & 王俊宏室內裝修設計

◎ 施工細節。大面積玻璃隔間使用時，因為無法現場裁切，除了是工
序中「最後」決定、丈量尺寸的建材外，還得另外確定運送過程中電梯、
門框大小足以通過。

◎ 材質使用。櫃體為白色烤漆鐵件並由天花板
固定，創造輕盈的動態視覺感受，搭配木質層
板緩和鐵件帶來的冰冷感。

◎ 施工細節。預製鐵件要留經過打磨平滑收
邊，再烤漆處理以防鏽並確保使用安全；施工
時需在天花預埋固定件再安裝櫃體。

205

206

🔵 **尺寸拿捏。**主臥斗櫃寬 330 公分、高 60 公分，可收納摺疊衣物，彌補衣櫃不足。

207

206+207
雙面櫃就是主臥、書房隔間

在重新調整主臥格局大小後，將位於書房與主臥間的牆面，規劃成雙面皆可用的收納櫃體，可減少傢具佔據空間、影響動線。主臥側為電視牆下的抽屜斗櫃；書房側則使用上方的門片層板。圖片提供 © 馥閣設計

208
光線、氣流自然流動的半牆設計

利用不及頂的造型電視牆區隔客廳和餐廳，半高的設計既不會影響採光與通風，壁爐的設計語彙自然流露歐式鄉村風格的空間調性。天花板也因應而生，特別規劃出不同的造型，明顯劃分兩個空間。電視牆下方配置視聽設備，上方則留有置物平台，可用物品點綴裝飾。圖片提供 © 摩登雅舍室內裝修

208

🔵 **材質使用。**以木作為基底，再雕繪出線板和柱體，正中央則用文化石貼覆，呈現材質混搭的豐富視覺。電視牆背面則用金色的馬萊漆塗佈，為空間創造亮點。

209

◎ **材質使用。**以木作為基底，邊框烤成黑色，並搭配不鏽鋼毛絲面的背板隔屏及沖孔設計，在餐廳形成一冷一熱的端景牆。

◎ **施工細節。**利用木工在電視屏風兩側拗出圓弧形，為時尚美式空間帶來柔軟的線條感。

210

◎ **材質使用。**櫃體採用鋸痕橡木板，不同於鋼刷的紋理更加手作自然，為屋主想要的自然休閒氣氛加分。

209

毛絲面沖孔板電視隔屏帶來科技時尚感

因應由電視及喇叭等科技 3C 產品延伸出的電視櫃體設計，並以不鏽鋼毛絲面為背板，搭配染黑的木作收納櫃體及白色基底，形成有趣的隔屏畫面，其中毛絲面上的沖孔設計，更帶出仿如數位點畫的時尚科技感。圖片提供@子境空間設計

210

空間裡的木感小房子

在玄關與餐廳之間設計了一道木作櫃牆，兩邊都有留走道，創造更多元的動線與空間關係，玄關區的天花板也以木皮包覆，從餐廳看過去有如空間裡的一間小房子，在淺色自然的居家裡加入溫暖的木質調。圖片提供◎珥本設計

211

定界、收納、聚焦三合一

開放式客、餐廳利用柱體位置與一堵融合洞石及柚木的半高牆明確劃分出機能領域。客廳這面以石材質樸回應一旁玻璃屋的森林印象，並成為聚焦端景。靠餐廳面則以深淺不同抽屜櫃增加收納，抽櫃上還鋪設石板檯面滿足實用。圖片提供◎大器聯合建築暨室內設計事務所

◎ **施工細節。**抽屜櫃以真假交錯設計，使主牆喇叭有足夠深度可容納。

◎ **材質使用。**用洞石做四面包覆，不僅可使電視牆更完整，也令收納櫃多了框邊裝飾效果。

211

212

隔窗觀戰，娛樂間併入輕食區

餐廳利用櫃體與拉窗，與客房做出區隔，但若將客房掀床收納於牆壁後，這裡就是屋主與朋友聚會打麻將的娛樂小天地，此時就能將窗戶與門敞開，兩個空間合而為一，餐廳變身便餐檯，輕鬆在這裡吃喝聊天，還能輕鬆隔窗觀戰。圖片提供◎相即設計

213+214
懸吊式櫃體設計區隔公私領域，同時創造充足收納機能

在公、私領域之間配置一面白色造型櫃體作為區隔牆面，櫃體設計上則將下方刻意懸空、局部穿透，形成隱密又不封閉的臥房過道，也滿足了居家收納需求。圖片提供◎森境＆王俊宏室內裝修設計

◎ **施工細節。**矮櫃檯面內嵌電晶爐，方便在這邊作輕食、熱湯使用，下方抽屜需預留電線插座、維修孔，抽屜其餘空間作為餐具收納使用。

◎ **材質使用。**為了維護客房隱私，拉窗裝設霧面玻璃，平時只要關上門窗，就是一間獨立、機能完整的客房。

213

214

【櫃體】隔間界定

◎ **材質使用。**木作櫃上方以烤漆鐵件營造懸吊感，臥房及儲物間均採用鋼刷木皮，統整空間視覺感受。

施工細節。木作櫃體底部不做滿，而以鐵件結構作出懸空的輕盈感。

材質使用。玄關另一面櫃牆使用系統櫃，系統櫃五金功能多使用更便利，因結合木作將左右及上方包覆起來，看起來有整體性，也節省工時和預算。

施工細節。層板處看似結合鐵件與木皮，其實是利用鐵盒子包覆木皮，增加視覺的柔軟性，也讓 2 米 5 的跨距更為堅固。

215
雙面使用的鞋櫃兼電視牆

玄關新增的雙面櫃牆，讓空間有區隔但不阻隔，同時滿足收納需求，玄關面為鞋櫃，餐廳面為電視牆，下方透空處，玄關面擺飾了小木材，營造壁爐的溫暖意象。圖片提供 © 珥本設計

216
木框架包覆鐵件，櫃體隔間更輕薄

作為客廳與餐廳之間的櫃體隔間，上下均以木作結構刻意與天、地創造脫離的視覺效果，使鐵件主結構更加輕盈，左側如樹枝、竹子狀的自然線條則是可收納書籍或是傢飾品。圖片提供 © 寬月空間創意

217
壁爐展示櫃延續遊戲室與餐廳的互動

面對是書房也是遊戲室的空間界定，首先以壁爐樣式的收納展示櫃做為固定隔間，中段的挖空區塊直接對應到餐廳，做為小朋友的玩具展示平台，左右兩側的摺門可彈性收闔，維持空間的通透性。圖片提供 © 成舍設計

材質使用。兩排面向內的展示格與立面花磚則是書房的藝術裝置。

施工細節。櫃體上方以鐵件創造挑空設計讓整個量體變得輕盈，鐵件固定於天花位置要先加強固定以提升承重度。

施工細節。鐵件以油漆噴漆處理，再以矽力康固定灰玻璃。

218
懸吊櫃體區分裡外空間，兼具餐廳電視牆

為了不讓入口直接看到餐應，利用玄關櫃作為半開放式的空間區隔，也可以放置衣物，同時也設計藝品展示位置作為端景，背面則為餐廳的電視牆，滿足屋主邊吃飯邊看電視的習慣。圖片提供◎森境＆王俊宏室內裝修設計

219
輕薄鐵件，穿透延伸空間感

主臥房更衣室的精品展示櫃，同時也是睡寢與更衣的隔間，不規則且刻意錯落的雙向展示設計，讓櫃體具有變化性，開放的穿透與鐵件的細膩質感，也帶來視覺的延伸。圖片提供◎界陽＆大司室內設計

220
大衣專用收納櫃，劃設玄關場域

位於林口的渡假居所，每到冬天氣溫低且潮溼，對於經常接待親友的屋主來説，外套的收納是一大問題，設計師體貼設想，利用入口處另闢外套專用櫃體，正好也成為玄關與廳區的隔屏。圖片提供◎懷特室內設計

材質使用。櫃體表面以不鏽鋼美耐板搭配白色烤漆，創造如主牆般的效果。

尺寸拿捏。外套專用櫃體深度為 60 公分，放置冬季外套才好收納。

221+222
有限坪數整合需求

書房與客廳共享的隔間牆體，讓兩場域各自獨立卻又巧妙連結，一方面也將書桌、書櫃、電視等設備隱藏在其中。圖片提供◎水相設計

223
是櫃體也是玄關與客廳的隔間牆

擔心自玄關一進入室內，便會立即看到客廳，為了讓視覺獲得一點緩衝，便在玄關與客廳之間，沿樑與牆另砌了一道櫃體，除了可作為鞋櫃也能當作是玄關該區的隔間牆，讓空間界定變得更清晰。
圖片提供◎豐聚室內裝修設計

◎ **材質使用。**電視牆面選用米色調繡石，凹凸的立體效果彷彿天然石頭般的效果，讓空間與自然的連結，以一種裝飾藝術化的方式完整體現。

221

222

◎ **材質使用。**主要櫃體以系統櫃為主，櫃體側牆以自然拼貼的木皮利用企口分割作表現，呈現自然的表面隔間效果。

223

施工細節。櫃體門片需特別加厚，這樣才能達到兼具房門門片功能。

材質使用。呼應整體空間大量的木元素，一體成型的書桌全由木作打造，利用相同材質讓空間產生關聯性，也讓空間注入更多溫度。

227

⊘ **尺寸拿捏。**需預留電器櫃的緣故，整體櫃體深度約 45 ～ 50 公分左右，下方的收納空間則留出 35 ～ 40 公分方便放置收納籃。

◎ **材質使用。**櫃體以木作加烤漆而成，壓克力烤漆的大地色系，乾淨無壓的用色與屋主喜愛日本無印風格的簡單純粹恰恰相符。

228

224＋225
多機能櫃體保持空間彼此關係

餐廳／工作區及主臥之間，藉由多機能的黑色櫃體創造開放空間的使用彈性，平時拉門打開時主臥與其他空間動線串聯，關起後能維護主臥該有的隱私，櫃體的雙面收納設計能提供不同收納需求。圖片提供© 邑舍設計

226
讓機能界定空間屬性

懸空設計的書桌，簡單將客廳與書房做分界，但一體成型的設計則扮演串聯兩個空間的角色。從書桌桌面一路延伸然後向下轉折，再轉至客廳區域，書桌機能也因其轉折而轉換成收納與客廳茶几功能，而藉其使用機能的轉變，自然界定出空間屬性。圖片提供© 杰瑪設計

227＋228
一櫃兩用，雙面機能

由於室內僅有 13 坪，為了有效利用空間，公共區和臥寢區以櫃體和拉門區隔。櫃體以兩邊皆能使用的設計概念，電視背牆右側為電器櫃，下方為開放型收納，上方則給後方的臥房使用。達到最大坪效，收納、界定空間一應俱全。圖片提供©十一日晴設計

🔴 尺寸拿捏。要將多種功能串於位同一立面，藉由收整功能，讓整體空間顯得較為俐落。

⊙ 材質使用。櫃身以鐵刀木鋼刷木皮貼覆，在轉角處以ㄇ型鐵件腳架作為立足的支撐點。相異材質的同色搭配運用，整體呈現合諧的視覺感受。

229
匯聚多重機能的小坪數空間

屋主要求設計師在 6 坪空間中，規劃出臥室、客廳與書房機能，以床舖與沙發作為空間主體，運用沙發界定出視聽空間，入門口天花大樑包覆修飾的木作延伸成倒ㄇ字形，拉出屋主書桌檯面。即便是小坪數，透過開放設計手法仍保有實用機能與寬闊視覺。圖片提供 © 杰瑪設計

230
辦公、置物兼具的 T 型書桌

由於主臥的坪數足夠，沿牆面做出 T 型的機能書桌，不僅可置放電視，也可作為辦公用途。桌面刻意往窗景拉伸，加大可使用的範圍，下方則以抽屜抽拉便於收納。整體以深色鐵刀木和鐵件塑型，展現精鍊優美的櫃身曲線。圖片提供 © 大雄設計

231
透過櫃體的轉折延伸，做空間場域隔間

在一個全然開放的場域空間裡，透過一進門的玄關櫃之量體轉折延伸至主臥的隔間牆面，界定出場域分野，並一併滿足區域性，如玄關、主臥、客浴及餐廳的收納需求。而利用玄關樑柱體設計掛勾五金，將進門的包包、鑰匙及大衣做最有效的收納處理。圖片提供 © 子境室內設計

⊙ 材質使用。櫃體深度 60 公分，高度 200 公分以便收樑，門片採白色烤漆處理，實木條收邊，使線條俐落，並透過鋼刷天花帶出空間動線。

🔧 五金選用。玄關一進門的柱體以灰色漆搭配五金掛勾，搭配燈光投射，讓隨手吊掛的物品及衣物，也能形成室內端景。

232

⊘ 施工細節。立起木作格柵，將格柵固定於原始的天花，才能有效穩固，而格柵和電視機櫃則利用榫接方式接合，呈現細膩的施工技巧。

◎ 材質使用。櫃體以鐵件打造，不僅耐用，也無須擔心會出現微笑曲線。整體以白色烤漆而成，時而以綠色隔板點綴，與戶外綠意呼應。

⊘ 施工細節。鐵件櫃體在工廠施作完成後，以吊車吊掛進入，直立後在天花和地面分別打入膨脹螺絲固定。

233

232

木作格柵有效區分空間領域

原本四房的格局，拆除緊鄰客廳的隔間牆，讓公共空間放大，全屋採光也因此變好。因應中式風格設定，利用穿透的木格柵設計電視牆，延伸至天花板，塑造頂天立地的形象，也適時遮擋後方鞋櫃。下方的電視機櫃向後延伸，可另作穿鞋椅的用途。圖片提供©摩登雅舍室內裝修

233

鏤空櫃體適時遮擋入門視線

這是一間挑高的小坪數空間，由於入門處位於整個空間的中央，一入門就能直視內部。在樓梯前設置開放性的櫥櫃，半開放的鏤空設計，能適時遮掩視線，卻不顯沉重，而造型櫃體也成為空間的美麗端景。圖片提供©大雄設計

🔵 **施工細節。**在茶几椅腳下裝入鐵件強化支撐，亦可當成取放高處物品的踩腳凳。

234
以多功能實用櫃取代隔牆

作為客廳、臥房隔間的櫃體，除了隔間功能外，設計師更結合多種功能，讓大型櫃體增加實用性。櫃體旁設置多功能移動式傢具，訪客眾多時，可當成板凳，拉到沙發旁就是現成的茶几；L型鏤空設計留出平台，臥房、客廳都可使用，而兩邊皆能使用的門片設計，則相當便於收納途。圖片提供©杰瑪設計

235
頂天高櫃具備迎賓收納雙機能

位於客、餐廳間頂天壁櫃，客廳側為電視牆面，餐廳這邊則作收納層板使用。雖然是實牆，卻因置中、保留雙走道動線設計，搭配清淺設色，而不會顯得笨重過度壓迫。圖片提供©相即設計

🔵 **尺寸拿捏。**壁櫃厚度為 30～40 公分，若半高不低反而會顯得矮胖、突兀占空間，因此作完天花後高度為 2 米 9，也就是櫃體頂天後實際高度。

施工細節。深淺交錯的平檯搭配藍、灰色調，為空間增添活潑感。

236
三面收納櫃體劃分公私場域

拆除原有隔間牆，創造以三面櫃為核心的環繞生活動線讓公私有所區隔，又結合豐富的收納機能，深淺平檯交錯的層架，可收納筆電、IPAD、書籍，側面規律的高度則是擺放 CD，轉至臥房區更含納了大面衣櫃。圖片提供 © 甘納空間設計

237
若隱若現的穿透櫃體，維持空間廣度

拆除原有起居室的隔牆，改以穿透櫃體區隔，視覺無阻隔的設計，與中島區形成串聯，能讓空間維持原有的廣度，也擴增收納空間。廊道地面選擇深灰色的地磚，與餐廳、起居室木質地板形成強烈區分，有效界定空間，也暗示廊道的過渡。圖片提供 © 大雄設計

材質使用。以木作為基底，兩側加上裝飾性的長條鐵件，打造如同吊櫃般輕盈感；而櫃面以玻璃鋪陳，不僅具有穿透的功效，也能方便清理。

CHAPTER

2

櫃體

櫃體＋儲藏

櫃體＋隔間界定

櫃體＋傢具

櫃體＋展示

238

238 書桌、書櫃一體成型

層板跨距不宜超過 120 公分一般來說，書櫃層板為了能支撐書籍的重量，層板厚度大多會落在 4 ～ 6 公分左右，層板跨距應為 90 ～ 120 公分之間。若跨距超過 120 公分，中間應加入支撐物，才能避免出現微笑層板的問題。

239 慎選適宜的五金

由於雙層書櫃需倚賴滑軌五金移動，當書籍越放越多，重量也逐漸加重。若使用一般的滑軌，則可能因為太重而導致金屬產生變形，無法順利推動。因此，必須選用承重力佳的重型滑軌，才不容易損壞。

240 依環境條件選擇材質

一般來說，木作櫃的板材可分為木心板、美耐板等等，通常這兩種都較耐潮。木心板上下為三公釐厚的合板，中間為木心碎料壓製而成，具有不易變形的優點。美耐板則由牛皮紙等材質，經過含浸、烘乾、高溫高壓等加工步驟製成，具有耐火、防潮、不怕高溫的特性，通常會貼於木心板外側。

241 櫃子複雜度越高，價格也越高

木作櫃的價格是以尺計價，一般來說每一片層板都需要經過貼皮、上漆的過程，這是最基礎的處理方式。另外，像是鋼刷處理、鋼琴烤漆這類特殊的製作方式，必須先在工廠進行二次加工，因此價格相對會比一般的噴漆或貼皮處理還要高。

113

3D圖面提供©緯傑設計

242

施工細節。除了鐵件結構之外，木作櫃體下方要安裝可固定式滑輪，打開時櫃體與室內牆壁可有地栓可固定，兩櫃體關上時須採用公母門片閉合，讓門片間的縫隙不被漏光。

243

114

● **尺寸拿捏。**書桌右側設定為 30 公分 +30 公分兩層開放式收納層架，但為了方便使用，開口做了 90 度兩種轉向，也解決層板收納不宜過深問題。

◎ **材質使用。**書桌前方腰帶牆面為烤漆玻璃，背後墊上一層鐵板，如此一來，不僅可以在上頭書寫、繪畫，也有吸附磁鐵功能。

242+243
餐櫃既可收納也能變出書桌

空間規劃希望能納入小朋友們成長的需求為思考，於是主體空間以餐廳及兒童閱讀區為主，閉合時可界定為餐廳收納和房間的隔間牆，內凹平台放置小型電器設備；打開後餐櫃下又能拉出閱讀座椅，平台即變成書桌。圖片提供◎ 力口建築

244
書桌內嵌延伸，與衣櫃緊緊相依

木皮書桌與白色衣櫃原本只是緊挨著的「鄰居」關係，但設計師透過木皮書桌內嵌延伸，讓兩個量體產生更深刻的緊密連結。白色衣櫃下層的「造型」6 抽屜，其實是門片收納櫃，供還在讀幼稚園的小朋友收納玩具使用，增加衣櫃真假趣味性。圖片提供◎ 相即設計

245
方寸之間完全整合複合收納機能與桌面

鄰近門口處規劃容量充足的櫃體，包含鞋櫃、上方收納、展示陳列處，而延伸出來的桌面設計師並不侷限用途，不但是用餐吧檯也可以是書桌，回家後也能隨手放下隨身的包包和鑰匙。圖片提供◎ 森境＆王俊宏室內裝修設計

◎ **施工細節。**為了有效節省空間鞋櫃採用拉門設計，必須精算門片與收納櫃前後距離，以免滑動門片時受到阻礙。

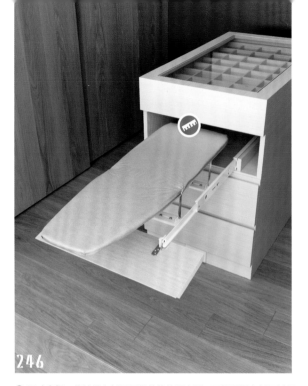

246

246
飾品櫃暗藏燙衣機能

更衣間的中央為中島斗櫃，最上層抽板切割為飾品展示區、並運用清玻璃作檯面，方便搭配、尋找飾品。第二層拉抽處就裝設折疊燙衣板，需要時再抽出，無須另外找地方收納。圖片提供◎明樓設計

247
機能性十足的複合空間

核桃木打造的多功能區域，是屋主的工作及用餐區域，左側開放櫃體以畫框為設計概念，讓屋主可隨興擺放國外帶回的紀念飾品；從牆面延伸出來的桌面，可拉長至二米四，方便朋友前來聚餐，立刻展開成大餐桌；至於書桌後方的鏡面牆，可反射採光並帶出客廳與落地窗景，增添屋景緻，同時也有放大效果。圖片提供◎杰瑪設計

● **尺寸拿捏。** 傳統燙衣板需要額外的放置空間，而摺疊燙衣板可以用較小的容量妥善收納在中島櫃的一個抽屜裡，櫃體尺寸長 100 公分 × 寬 60 公分 × 高 90 公分。

● **材質使用。** 小空間通常較少使用深色，但藉其鏡面牆的反射效果，開放櫃體選用較深的胡桃木，不會帶來壓迫感，反而給人一種沉穩感受。

247

248

◉ **尺寸拿捏。**檯面可承重約 60 公斤，也能當做尿布檯使用。

◎ **施工細節。**書桌下方櫃體採開放形式，結合活動書檔不但提升使用效率，也可依需求來調整收納空間的大小。

◎ **材質使用。**活動書檔結合木皮材質，讓白色櫃體又多了點變化。

249

248
打開櫃子變出一張工作檯

名為 DESK 的五金系統，當門關起來的時候是一個普通的櫃子，但是透過懸臂式五金的結合，櫃門下掀後轉化為可以載重的桌面，不論是放置於餐廚做為工作檯面，抑或是充當小孩房的衣櫃與尿布檯都非常適合。圖片提供©紀氏有限公司

249
開放式櫃體加書桌使用效率大提升

正因為書桌區環境不大，該區所需機能採取開放式櫃體結合書桌形式來做規劃，櫃體上半部作為書桌，下半部則可以作為置物之用，做到讓一個物體同時擁有兩種功能，空間與機能使用都很有效率。
圖片提供©大晴設計

250

尺寸拿捏。 座椅深度約為 40 公分，寬度也比一般單椅寬敞，坐起來更舒適。

材質使用。 座椅背板搭配玻璃材質，淡化小空間的壓迫感。

尺寸拿捏。 為了能能舒適躺平，設計師在床舖區抓出約 120 公分寬度；站在樓板上的淨高則有 175 公分，即使加上 10 公分的乳膠墊，女孩兒還是能站直不彎腰。

材質使用。 寢區使用頻率一定很高，為了讓空間更大些還運用了白色，因此運用美耐板作表材，即使不小心弄髒或潑水，都可以輕鬆收拾。

118

250
中島收納櫃整合座椅

約莫 12 坪的小套房格局，巧妙利用地面 62 公分的段差與挑高，公、私領域之間以中島收納櫃牆概念規劃，整合鞋櫃、矮櫃、收納櫃、電器高櫃，矮櫃結合座椅功能，兼具穿鞋椅與輔助客廳的座位需求。圖片提供 © 力口建築

251
櫃體、傢具一體成型

由於住家樓高是正常的 295 公分、並沒有挑高，因此沒有用鋼構，而是採用木工櫃體的方式去規劃夾層女孩房。這裡運用大量空間交錯堆疊手法，二樓房間設置於主臥衣櫃上方。即使空間侷促，除了寢區機能外，設計師還貼心為女兒規劃吊桿衣櫃、書桌、收納櫃等，真的是麻雀雖小五臟俱全！圖片提供 © 瓦悅設計

251

五金選用。為了能保障使用安全，掀床要視木板與床墊總重，挑選符合載重標準的油壓五金，緩衝功能可減少使用時的危險性。

材質使用。為了滿足客房、娛樂室的空間特性，這裡的材質皆以耐髒好整理為主。例如：藍色的美耐板牆面、仿木紋超耐磨地板。

252
隱藏掀床，平時化身娛樂間

考量到客房使用頻率不高問題，為了能提升空間坪效，設置結合木作櫃體掀床，搭配上方與一旁的矮櫃，滿足基本的收納機能。平時將床隱藏起來，就成為屋主夫妻與朋友的吃吃喝喝、打麻將的好所在。圖片提供◎相即設計

253
桌與櫃整合更有造型

書櫃立面以黑鐵件做不規則分割，並用木抽屜斷開素材延續，強調出剛中帶柔的活潑感。桌體以黑白突顯對比，貫穿手法除增加造型感，也藉側掀桌上盒提供線路收納實質助益。圖片提供◎奇逸設計

施工細節。以圓形螺絲將壁面與鐵件脫開，使燈條能完整貫穿，維持光源完整性。上下兩端鐵板皆向上反摺 3 公分寬度，藉此增加壁面銜接、強化承重。

🔖 **尺寸拿捏。** 書櫃寬 134 公分、高 215 公分、深 37 公分，最重要的是確保屋主坐下辦公時，書桌深度能舒適容納大腿長度。

◎ **材質使用。** 櫃體採烤漆與木皮交錯使用手法，意義在於避開在同一立面使用單一材質，減少木作過多的沉重感，以及塑造「寬敞」的視覺感受。

254+255
工作事務藏在壁櫃裡

屋主希望住家是舒適、雅致的休憩居所，但偶爾還是得在家上網工作，設計師為了讓機能與美觀兼具，特別將書桌與收納層架藏於客廳旁的壁櫃之中，只有需要使用時才開啟，上方內藏的 LED 燈光將提供充足的照明。圖片提供 © 馥閣設計

256
樹型展示櫃巧妙修樑

空間為平時為男主人專用的書房，當客人來時則變身客房，需保留足夠的寢區面積，所以不規劃大容量書櫃，只符合空間比例、規劃櫃體與書桌，同時採貼壁處理，有效運用樑下空間，並採局部修飾的方式，解決樑身壓迫問題，以最經濟的方式同時兼顧空間感與收納機能。圖片提供 © 亞維空間設計坊

◎ **材質使用。** 書房高櫃採用栓木木皮，選用山型紋凸顯粗獷的原木感，呼應以樹為靈感的抽象主題。

🔖 **尺寸拿捏。** 為了修飾樑身與配合冷氣機高度，櫃體高度約為 240 公分，局部微調效果，果然成功減輕了粗樑所帶來的壓迫感。

◉ **材質使用。**書櫃和書桌以木作貼美耐板的處理手法，好清潔又耐用。

257
書櫃結合書桌讓工作區變自由

利用入門玄關背後畸零空間規劃而成的書房，巧妙利用左側牆面圍做出收納椅櫃，搭配活動書桌設計，一人使用時可將桌板往前推獲得較大空間。圖片提供©成舍設計．工程

258
讓空間具備各種可能的多機能設計

雖是預留的房間，但目前使用不到，因此設計師以預留機能並適當隱藏為概念做設計。天花板預做軌道，未來只要裝上拉門即可獨立出一間房，採用可收式掀床，既具備床鋪機能，收起時和衣櫃串聯成一面木牆，視覺上不顯突兀，空間也可彈性因應各種需求，又不失原來的開闊。圖片提供©六相設計

◉ **施工細節。**掀床可分為手動與電動，一般以電動使用較為便利，在施作安裝電動掀床時需和有安裝經驗的木工配合，雖有廠商指導施工，但需木工適時調整，方可有利於未來操作。

➤ **五金選用。** 掀床搭配義大利進口掀床五金,品質相對來得穩定又安全。

259

259

打開櫥櫃,客房隨之而來

高房價時代,能買的坪數有限,偏偏偶爾又會有長輩、友人留宿,留一間房太浪費,那就在櫃子裡藏一張床吧!只要木工訂製＋掀床五金的結合,櫃子往下拉就能有床舖的功能,不用時又能完全收起,一點也不佔空間。圖片提供◎界陽＆大司室內設計

260

梳妝檯隱身衣櫃,空間好清爽

延著結構柱體發展而出的一整面大衣櫃,除了提供屋主夫婦完善的衣物收納,女主人需要的梳妝檯也一併納入規劃,開放層架可收納包包、保養品,抽屜內則是配件最好的集中處,平常門一關上立刻回復整齊清爽樣貌。圖片提供◎甘納空間設計

◎ **施工細節。** 衣櫃門片特別採用長形、方形、圓形等不規則形狀的衣櫃把手,其實這些把手也兼具衣架功能。

260

【櫃體】傢具

261

261
畸零角落內嵌櫃體藏梳妝檯

利用主臥房既有的畸零角落，創造出女主人的梳妝櫃，並可直接坐在架高約莫20公分的窗檯使用，讓空間有限的臥房無須再添購梳妝櫃，且最下層的滑軌抽屜可拉出，更加方便。圖片提供◎甘納空間設計

262
柱體結構延展書櫃傢具

利用原始建築二樓存留的五個柱體，巧妙規劃出櫃體與書桌，打造開放的閱讀場域，回字形動線下，也回應現代建築主義的自由平面精神。圖片提供◎水相設計

▶ **五金選用。**滑軌抽屜運用三節式緩衝軌道，讓抽屜托盤可以完全拉到底更好用。

◎ **材質使用。**左前方柱體以不鏽鋼與卡拉拉白大理石包覆處理，將看似突兀的量體，轉化為如裝置藝術般的立面。

262

263
櫃體延伸出書桌領域

受限於空間長度的關係，無法找到合適的書桌尺寸，因此決定量身訂製，將書桌與櫃體合併。沿窗拉出櫃體深度，並延伸出大型的書桌領域，適宜的尺寸，一旁得以留出行走的通道。書桌兩側內嵌抽屜，方便收納之餘，表面的美式線板語彙也能成為裝飾點綴的一部分。圖片提供 © 摩登雅舍室內裝修

264
隔間櫃旋轉開啟變身書桌、餐桌

原客廳後方臥室拆除，成為開放分享的閱讀區域，一旁看似隱形的閱讀區域，經過長櫃上端檯面的轉折定位，變化出實用書桌，端點以橡膠、絲絨墊和桌面下的 8 公分止滑墊，透過物理現象讓桌板能旋轉而出，兩側打開後也是一張兩人用餐桌。圖片提供 © 寬月空間創意

263

🎯 **尺寸拿捏。** 空間長度不足的緣故，櫃體深度僅做 30 公分，並拉出 200 公分長的書桌空間，書桌和櫃體之間以精密製作的卡榫接合方式固定，讓成品更為細緻。

🔩 **五金選用。** 桌腳處計算好滾輪的旋轉周長，特意預留較寬的厚度，讓滾輪能隱藏在桌腳內，僅僅露出約 3mm 的高度，遠看毫無查覺。

264

施工細節。櫃體採取鐵件噴漆，大理石桌面則需先以木作打底做出雛形，木作與鐵件進行結構上的接合，讓石材桌面有如懸浮般的效果。

材質使用。為放大玄關空間感，有別於整體空間使用的鋼刷橡木皮，玄關鞋櫃改採白色噴漆，減低大型量體壓迫感，也維持視覺上的簡潔俐落。

265
雙面櫃體延展書桌、梳妝檯

臥房內以雙面櫃劃分機能，並由櫃體延伸創造出書桌傢具，桌腳再利用不鏽鋼與玻璃做為支撐，搭配 LED 燈光，創造多變趣味的空間感。圖片提供 © 界陽 & 大司室內設計

266
懸浮設計製造輕巧視感

由於玄關空間較為侷促，因此櫃體採用懸空設計，讓大型量體藉由懸浮變得輕盈，而櫃體下的空間也可再做利用，牆面做滿難免容易帶來壓迫感，因此從櫃體延伸出穿鞋椅，輕化視覺的同時亦滿足使用機能。圖片提供 © 六相設計

◎ **材質使用。**為配合上層櫃面的結晶鋼烤，請廠商調製強化玻璃的顏色趨於一致，讓電器櫃不失整體性。

267
收納櫃暗藏小巧摺疊桌

電器櫃的下半部往上掀開其實是一張小餐桌，而桌子內部仍市容量強大的收納空間，又具備多功能的儲藏功能。圖片提供 ◎ 大晴設計

268
與書桌一體成型的書櫃

書牆上半部以白色門櫃作為收納主力，中段為開放展示櫃，由書櫃延伸而出的 L 形書桌，巧妙將兩者合而為一，細緻質感與簡鍊造型都是一絕。圖片提供 ◎ 近境制作

【櫃體】傢具

◎ **材質使用。**書桌以皮革與鐵件打造，在桌面厚度上展現纖薄輕盈感。

269

269
延展性五金拉軌，傢具藏在櫃子

小坪數空間有限，可以透過延展性五金拉軌的應用，將客廳和餐廳合而為一，這種伸展桌五金組包含支撐腳，平常收起來藏在櫃子裡，或者是也能整合規劃於中島吧檯內，需要時再打開始用，完全不佔空間。圖片提供◎紀氏有限公司

270
藉材質整合兩種機能的共體設計

順應先天的開窗位置，在這面不完整的牆面開創出展示書櫃與工作桌面的多機能設計，將空間缺口轉化為優勢，利用窗下規劃出桌面，提供業主面窗工作的優質環境，並結合不規則分割與橫向錯落的帶狀收納成為牆面特色。圖片提供◎成舍設計

● 尺寸拿捏。桌面尺寸有 1.1 米、1.4 米、2 米的長度供選擇，承重從 60~100 公斤，結構十分牢靠。

◎ 材質使用。透過鐵件與美耐隔板的橫豎交錯，一剛一柔組構出層次堆疊的書架展示，虛實對應的設計使桌面完全融入櫃體設計之中。

127

270

CHAPTER

2

櫃體

櫃體＋儲藏

櫃體＋隔間界定

櫃體＋傢具

櫃體＋展示

271 **展示櫃**
深度 30 公分就夠用

假如只是單純的展示櫃，甚至可做到 30 公分以下就
好了。另外，為了方便拿取物品，建議內部層板的高
度要比展示品高個 4 ～ 5 公分左右，若使用層板，兩
側的櫃板可打洞，方便隨時變換高度。

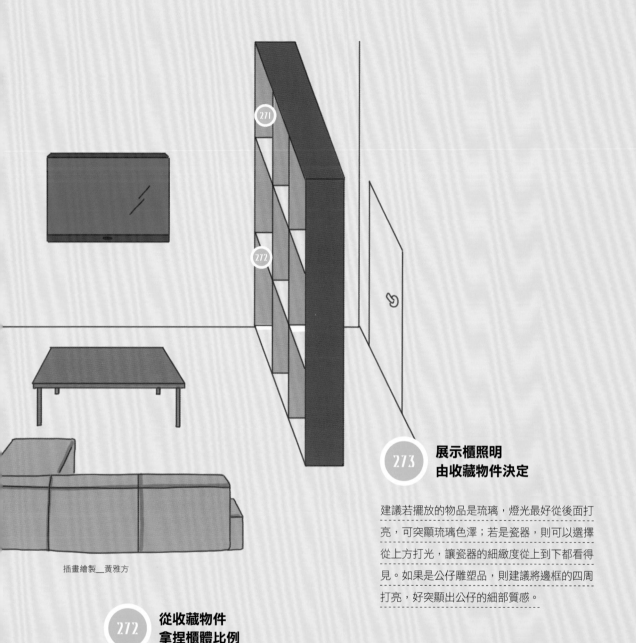

插畫繪製_黃雅方

273 展示櫃照明
由收藏物件決定

建議若擺放的物品是琉璃，燈光最好從後面打亮，可突顯琉璃色澤；若是瓷器，則可以選擇從上方打光，讓瓷器的細緻度從上到下都看得見。如果是公仔雕塑品，則建議將邊框的四周打亮，好突顯出公仔的細部質感。

272 從收藏物件
拿捏櫃體比例

不同的蒐藏品對於邊框皆有一定的比例，像是琉璃與邊框的距離就不能拉太近，否則看不出琉璃的氣質與美感，而像公仔等雕塑品，在邊框的設計上則可以選擇長方形，這樣不論大或小的公仔都不會被侷限住。

◎ **材質使用。**電吊櫃表面為烤漆，實木層板為柚木實木，中間透空處貼附 30×30 的貝殼板。

◢ **尺寸拿捏。**靠窗展示型書櫃跨距 77 公分，書牆跨距 114 公分，特別選用較厚的層板加強支撐力。

◎ **材質使用。**靠窗展示型書櫃為後貼橡木皮，顏色較淺，書櫃則是鋼刷鐵刀木皮，營造沉穩氣息，並與對面的裝飾板牆呼應。

274
整合三面使用的櫃設計

餐桌左右兩側是男女主人各自的嗜好天地，男主人喜愛品酒，與客廳電視牆共用的櫃體，上方為收納雜物的吊櫃，中間則是備餐檯，並設計了一個實木層板，左邊可放威士忌杯、香檳杯，右邊切出縫隙可掛紅酒杯，下方左邊是兩個酒櫃，右邊則是收納酒器的抽屜與櫃子。最右側的看似柱體，其實是客廳的電器櫃。圖片提供 © 珥本設計

275
跨距和燈光創造櫃體表情

書房的窗戶看出去正好是台中著名的綠意公園，巧用這扇窗景搭配對稱的開放展示型書櫃，搭配內嵌燈光設計，作為書房的端景。書牆則拉大跨距，同樣內嵌燈光營造細部質感，也降低大面積的壓迫感。圖片提供 © 珥本設計

276

◎ **材質使用。**延續現代風格設計語彙,以烤漆鐵件及木作形構俐落簡約的櫃體造型,以白色為基調恰如其份的映襯空間背景。

276+277
造型櫃體身兼多重機能,匯聚空間動線開端

偌大電視牆兼玄關櫃,兼具空間區隔與收納展示機能,同時也是進入主空間的動線匯集處,靠近天花板的開放式展示收納延伸至右側泡茶區,將屋主收藏品收整在牆面中,也成為廊道的端景,整個櫃體也跟據對應空間,賦予隱藏式的收納機能。圖片提供 © 森境&王俊宏室內裝修設計

277

131

施工細節。櫃體內的層格本
來就大小不一，同時又在櫃面兩
側加入洞孔，未來有想再增加收
納格，只要放入活動層板即可。

材質使用。兩種顏色的木皮
交互使用，在一片沉穩調性中多
了亮色系做調和，帶出不一樣的
視覺變化。

278

尺寸拿捏。為了與下方餐桌的平衡視覺，吊櫃長度
建議不超過餐桌的長度，而餐桌也選用可縮拉的，便
於招待客人使用。

施工細節。由於需支撐吊櫃和內置物品的重量，因
此在木作天花的內部加上角材，藉此加強支撐吊櫃的
拉力。

【櫃體】展示

279

278
一道牆創造出具變化的展示櫃

看似平凡的牆面加了櫃體設計之後就變得不一樣了！木作依牆面尺寸製作了一道開放式展示櫃，櫃內收納層格大小尺寸不一，層格內還能隨性加入層板再生收納空間，宛如牆生櫃、櫃生空間的概念。圖片提供 © 大晴設計

279
展示、收納、照明一應俱全

屋主有蒐集生活道具的習慣，再加上廚房臨窗，無法沿牆做櫃體，因此在餐廳上方加裝展示吊櫃，擴充收納機能。透光的設計，也不致使屋內陰暗。櫃體下方安裝嵌燈，作為用餐時的照明，展現照明、展示、收納多機能功用。圖片提供 © 十一日晴設計

280+281
活動壓克力層板，自由發揮佈置創意

客餐廳之間以電視櫃劃分，鄰餐廳的櫃體一側巧妙運用活動壓克力板為層架，可以彈性調整位置，提供屋主多元的佈置，而下方的暗櫃則是可維修影音設備。圖片提供 © 懷特室內設計

◎ **材質使用。**電視主牆一側延續餐廳背牆的洞石材質，讓空間有所連貫，也是呼應自然主題。

282
方框木盒堆疊出的美型收納

整體開放的公共空間，廚房吧台的展示櫃同時也是客廳的端景視覺，加入收納與展示的設計因子，正反開口與相異材質的交錯，如同一個個木頭方盒隨意堆疊，組構出立體又俐落的結構設計，達到虛實平衡的美感，兼顧門面展示與廚房使用的雙重需求。圖片提供©成舍設計

283
任意變化表情的展示端景

沿著樑下規劃大型落地收納＋展示量體，發揮完整牆面的優勢；採取不間斷的連續量體，不規則的層板分割不光只為造型，更讓不同展示品、紀念物與各種大小的書籍適得其所。圖片提供©成舍設計

◎ **材質使用。**鐵件與木質的搭配，達到剛柔並濟的質感效果，木與鐵、盒子與透空，一來延續整體空間的黑白冷冽屬性，也透過木頭注入溫暖。

▶ **五金選用。**配以自由滑動的門片，可隨機切換各種櫃體表情。

◎ **材質使用。** 有別於一般櫃體材質,特別在底部加了實木材質,特別留住木材的切面原樣,增添自然感受。

◎ **施工細節。** 由於書本厚度、大小不一,故在書擋部分採活動式,擺放時可依書籍數量、類別做層格之間的調配。

284+285
電視牆同時也是書籍的展示舞台

這道電視牆就位在客廳與書房之間,不希望僅有一面電視牆功能,便在後方規劃了收納櫃機能,可作為擺放書籍之用,替牆創造了附加功能,同時也適時地分攤收納之需求。

285

CHAPTER 3

吧檯

吧檯＋收納

吧檯＋餐桌
吧檯＋中島廚具

286
雙層式吧檯
落差就是收納區

這種吧檯高度整體大約會在 110 〜 120 公分左右，上下層之間的落差約莫是 30 〜 35 公分，正好能直接擺放如熱水瓶或是小烤箱、常用的杯子等，不用再另外規劃櫥櫃。

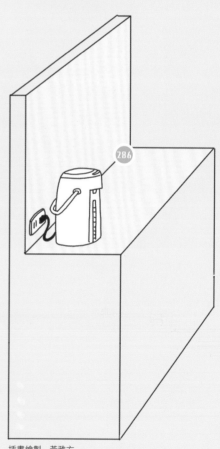

插畫繪製＿黃雅方

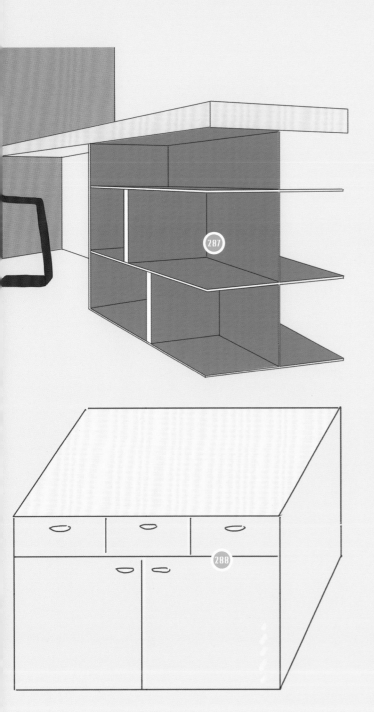

287 開放式層板
好拿取

現在還有一種常見的做法是將中島部分規劃為開放式層板、層架，但是最好要先想好需要擺放的物品是什麼，如果是食譜、雜誌，深度就不用太大，能立著放為佳，或是收納紅酒、杯子等，每一種物品的尺寸都不盡相同。

288 抽屜 + 門片式收納
遮擋凌亂

抽屜式收納是系統廚具最常出現的方式，優點是可以直接關起來，不用考慮收納得整不整齊，適合廚房用品較多的人使用。

289　訂製半腰電器櫃兼備餐檯

打開原本封閉的廚房、餐廳實牆，終結狹窄小廚房時代，取而代之的隔間是高度為127公分的半腰電器櫃兼備餐檯，成為屋主週末開 party 的最新烹飪根據地，自此陽光與家人朋友的歡聲笑語終於能夠自由在空間中流動。圖片提供◎白金里居空間設計

🍩 **尺寸拿捏。**電器櫃長 150 公分、寬 60 公分、高 127公分，量身訂作的方式，讓烤箱、冰箱等電器皆完美的收納其中。

🍥 **材質使用。**呼應客廳背牆設色，吧檯立面採用同色系的棕色結晶鋼烤，檯面則是厚度為 5 公分的人造石，堅固、耐用又好清潔。

290

◎ **材質使用。**考量吧檯要設置電陶爐,因此檯面選用具耐熱耐燃的人造石,使用安全無疑慮。

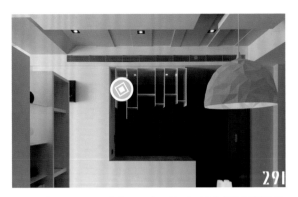

291

◎ **材質使用。**為了搭配整體空間風格,採用視感較為輕盈的鐵件製作收納架。

292

◈ **尺寸拿捏。**書報架前端的框架,預留約莫 1.5 公分的厚度,方便收納一般雜誌。

290
賦予多種功能的中島設計

中島檯面設置電陶爐,右側則嵌入酒櫃,並結合抽屜式收納設計。中島左方的拉門進去是書房,拉門可與牆面收齊,書房結合遊戲機娛樂室,賦予中島餐廳區親友交流情感、娛樂休閒的功能。圖片提供 © 琲本設計

291
造型置酒架為角落角吧增添生活情趣

男主人對於下廚用餐相當講究,在沒有界線的開放式餐廳及廚房空間,除了在一側配備完整的廚房設備,另一側則規劃小酒吧,上方以鐵件架構水平垂直線條的置酒架,讓酒瓶也成為餐廳裝飾。圖片提供 © 森境 & 王俊宏室內裝修設計

292
吧檯融入書報架,家也是咖啡館

一家三口的小家庭結構,房子的坪數有限,由廚房延伸規劃吧檯與餐桌,搭配整合後方齊全的電器設備,吧檯可烹煮咖啡、烤麵包,立面更是增加書報架功能,在家享用早餐午茶有如置身咖啡館般。圖片提供 © 大湖森林設計

293
增設吧檯讓收納倍增

由於空間坪數有限，緊鄰客廳的廚房區除了有在廚具上下方規劃收納櫃、吊櫃之外，另也在客廳與廚房之間加了一結合收納的吧檯，檯面可作為吧檯使用，至於檯面下則是可以放置相關電器用品，讓小空間的收納量倍增。圖片提供◎漫舞空間設計

294+295
木石混搭吧檯，杯子茶葉罐收納更好拿取

除了獨立的熱炒廚房之外，餐廳旁更增設中島吧檯且配置鹵素爐，提供輕食泡茶等需求，因此吧檯下方規劃有開放與門片式收納，而且設計師特別將開放層架設置於內側，避免主要動線上造成視覺凌亂感。圖片提供◎懷特室內設計

293

▶ **五金選用。** 由於吧檯還兼櫃體之用，便在其中一層加入抽拉式五金，方便置放電器外，也相當好抽取使用。

◎ **材質使用。** 吧檯主要是以系統傢具為主，所使用的系統板材貼皮後耐污也好維護，不用擔心清潔問題。

295

◎ **材質使用。** 開放層架部分利用木頭烤漆創造出如仿鐵質感，呼應一旁的鐵件櫃體。

294

296

🔘 **尺寸拿捏。**深度 80 公分的吧檯,足以作為餐桌和備料使用,同時下方做出可抽拉的電器抽盤,以及開門式收納,使電器各有所歸。

🔘 **材質使用。**吧檯選用耐髒耐磨的人造石,無毛細孔的特性,髒污不會滲入內部,清潔一點都不費力。另外,選擇淨白的色系與空間同調,整體風格更為一致。

296
收納、備料、餐桌兼具的多功能吧檯

這是一間中古的透天厝,由於坪數較小,且只有兩人居住,因此在二樓的廚房僅增設吧檯,可作為電器櫃以及料理台使用,有效節省坪效。特意加大的吧檯寬度,也兼具了餐桌的機能,即便一邊吃飯、一邊料理也都能輕鬆自如。圖片提供©Z軸空間設計

297
吧檯結合開放式收納,杯盤取用更方便

在開放式餐廚房中配置吧檯,為餐廳增增添情境式的用餐氛圍,並賦予吧檯實用性的收納機能,在桌面下方設計開放式的展示收納,提升物件取用的靈活度。
圖片提供 © 尚藝室內設計

🔘 **施工細節。**將收納設計在轉角處,使桌面下有位置能放置雙腳。

🔘 **材質使用。**桌面採用大理石搭配金屬材質桌腳,展現俐落的現代感。

吧檯＋收納

吧檯＋餐桌

吧檯＋中島廚具

(299)

(298) **根據使用習慣
安排高度**

如果吧檯同時兼具洗滌或料理輕食的烹飪需求，中島檯面
高度 90 公分為宜，使用上才不會吊手，一般吧檯會設定
在 110 公分高度上下，如果不是很習慣坐在吧檯上用餐，
或是有小孩的家庭，會建議餐桌高度不要與吧檯一致，維
持在符合人體工學 75 公分上下。

3D圖面提供©緯傑設計

299 懸空嵌入工法，空間可延續放大

吧檯與餐桌視為同一件傢具時，餐桌部分可運用懸空設計手法，將餐桌桌面看似嵌入吧檯內，不過施作時要注意結構支撐是否穩固，通常懸空桌面都會隱藏鐵件或鋼構為主體結構，上端再覆蓋展現的材質。

300

● **施工細節。**吧檯與餐桌要視同同一傢具整體規劃,再經各自兩種處理手法,需先施作吧檯的木作底部與餐桌腳座,再讓餐桌桌面與檯面運用「交卡」方式最後結合在一起。

300
T字型吧檯＆餐桌

將原本封閉的廚房打開,作開放式規劃,釋放空間,住家感覺更加大器。結合吧檯與餐桌的手法,除了能偶爾讓餐桌充當備餐檯角色外,亦令烹飪者與用餐家人多了更多親近互動的機會,情感的聚集與交流,使其自然成為住家另一個生活重心。圖片提供◎相即設計

301
精緻材質量身打造兼具收納展示與滿足實用機能的吧檯

重視凝聚家人情感的餐廚,以黑、白、灰色彩為廚房定調,整套廚具皆依屋主量身訂作,料理吧檯下方結合開放式收納,方便收納拿取常用餐具,並從料理吧檯銜接餐桌,增加使用需求。圖片提供◎森境＆王俊宏室內裝修設計

● **施工細節。**吧檯收納以預製的烤漆鐵件嵌入賽麗石所包覆的檯面,兼具實用性同時達到美感及整體結構的平衡。

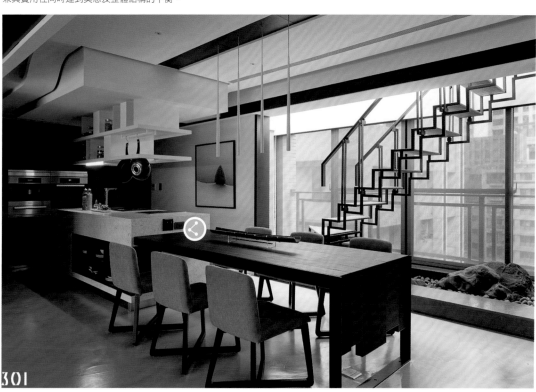

301

【吧檯】餐桌

302　泡茶交誼的休閒吧檯

連結熱炒廚房與餐廳的 L 型吧檯定位為泡茶、咖啡休閒放鬆的區域，背牆上方為開放式陳列架，下方則是酒櫃，檯面設置電陶爐，水槽備有洗滌用及飲用兩種龍頭，方便準備飲品酒水。檯面延伸作為便餐吧檯，兩面都預留足夠深度，長坐聊天更舒適。圖片提供 © 珥本設計

◉ **材質使用。**吧檯檯面為人造石，後方櫃體貼覆茶玻，吧檯區黑白色調的現代感，與木質人文的餐廳，表達西器東用的文化交融。

◉ **尺寸拿捏。**吧檯高度 90 公分左右，站立運用時不用彎腰，搭配高腳椅坐起來也舒適，因與餐桌高度區隔，自然界定空間屬性。

145

303

尺寸拿捏。這裡的餐桌維持約莫 72 ～ 78 公分的正常高度，只需選配一般餐椅，久坐談天也較為舒適。

施工細節。餐桌結構必須預埋進中島內，加上導角設計，簡化量體的厚重感。

303
訂製餐桌嵌入中島，雙機能展現空間氣勢

由於房子的坪數夠大，加上屋主有宴客的需求，特別將中島結合餐桌讓空間更有獨特性與設計感，檯面更增設水槽，讓女主人一邊清洗水果也能與客人談天，餐桌部分則設置 LED 燈光，圓滿屋主喜愛的 lounge bar 氛圍。圖片提供◎界陽＆大司室內設計

304
吧檯兼餐桌，貼近生活型態

新成屋翻修的案例，原始廚房為封閉式，然而屋主偏好國外的餐廚合一型態，於是設計師將廚房隔間取消，捨棄餐桌配置，以中島吧檯傑盒餐桌的概念，提供輕鬆且彈性的運用，而中島檯面下方更增加小家電收納。圖片提供◎大湖森林設計

材質使用。中島吧檯選用人造石一體成型設計，可節省預算也算是好保養。

304

施工細節。檯面部分有加寬之外，板材也有加厚，加強使用的穩定度與安全性。

材質使用。砌起來的吧檯牆面貼上了文化石，增添牆的美麗，同時也與室內風格做了呼應。

305
加一道吧檯多一個簡易餐桌

廚房區特別沿廚具再多設計了一道吧檯，不會太大的尺寸，既不會破壞應有的清爽視覺感受，再加入幾張高腳椅就能化身為簡易的餐桌，把空間的機能特性做了充分的發揮。圖片提供©漫舞空間設計

306
小型中島兼具餐桌功能，2人世界更多了用餐樂趣

在移除多餘臥房後，創造一個寬敞明亮的餐廚房，由於居住成員只有夫妻2人，平時也很少開伙，因此並未擺放餐桌，利用小型中島兼具餐桌功能，營造機能性高又簡潔的用餐空間。圖片提供©森境＆王俊宏室內裝修設計

307
中島串聯餐桌營造大器

屋主想要一個中島，設計師考量空間條件，將中島結合餐桌設計，讓中島可三面使用但不會壓縮到空間，上方的橫樑則懸掛訂製吊燈，交錯產生的趣味，搭配大餐桌展現大方氣度。左側桌板延伸可搭配吧檯椅，就是早餐便餐檯。圖片提供©珥本設計

尺寸拿捏。由於用餐頻率不高，讓中島兼具餐桌功能之外，稍微調高檯面高度，搭配高腳椅創造出吧檯式的休閒效果。

材質使用。中島嵌入槽讓廚房使用機能更為靈活，人造石檯面結合金屬桌腳，使整體造型增添都會時尚感。

尺寸拿捏。考量站立烹調的高度，中島檯面約90公分高，使用時不會吊手。

308
石吧檯切分領域、提供支撐

餐廚用木桌與吧檯垂直交接定調區域機能。屋主常宴客，體型輕薄的長條木桌不論在座位增減、餐食擺放上都更具彈性。吧檯除了是分界，也因嵌合造型成為木桌支撐點。廚房可利用燈光色彩變化氣氛，石吧檯則有助夜店 fu 升溫。圖片提供 © 奇逸設計

309
懸臂式中島餐桌，廳區更通透

玄關一進門就是餐廚與客廳，在有限坪數之下，除了運用中島檯面與餐桌的結合，更特意採懸空設計，讓地坪材質一致不中斷，空間就能有放大的效果。圖片提供 © 寬月空間創意

310
柱子形成支撐餐廳大長桌的框架

順勢將柱子結構還原為它的 "支撐" 屬性，並予以強化擴展，定位為支撐餐廳的框架，一個支援廳區收納的櫃子，被視為大長桌的一部份來處理。大長桌與廚房吧台連結，變成長型空間裡的一道線條，對應其他線性元素，如天花板、電視牆、長桌子等，拉長空間景深。圖片提供 © 尤噠唯建築師事務所

◎ **施工細節。**木桌先用單側落地提供主支撐，懸空檯面只要用短圓鐵件與部分吧檯嵌合，即可輕薄示人。

◎ **材質使用。**吧檯刻意選用與階梯底層相同的莫內鐘石材做設計語彙呼應。

308

309

◎ **施工細節。**中島檯面內側設置二支工形鋼，同時經過 24 小時測試，可承重 200 公斤。

◎ **材質使用。**為因應將流理檯、吧檯及餐桌的長桌整合，因此分別利用材質區分，分別為不鏽鋼大水槽、人造石及楓香木。

◎ **尺寸拿捏。**長桌整體為 490 公分長，寬 100 公分，利用長凳可容納最大來客數，並透過高低差區隔機能性。

310

材質使用。檯面採仿鏽銅金屬面材，彰顯粗獷風韻，底部展示書架則結合鐵件與木皮，切齊地坪的異材質拼接線，形成一道領域界定。

尺寸拿捏。獨立式中島吧檯尺寸約 120×95 公分，尺寸大小適中，想在其中植入機能也不用擔心位置不夠。

材質使用。中島吧檯上方及兩側是以人造石材質為主，輕盈也好清潔保養，剛好與櫃體色系吻合產生一致性的美麗。

311
複合機能，工作閱讀用餐都好用

輕食吧檯搭配鐵件懸吊燈飾，滿足燈光照明需求，讓用餐領域結合工作檯面、閱讀書桌等實用功能，並在底部配置收納格狀書架，不僅僅作為高複合機能的桌體設計，更成形成居家中的過道導引，替空間勾勒水平線條的美感。圖片提供◎近境制作

312
獨立式中島吧檯使用不受限

在餐桌與端景牆之間加一座獨立式島吧台，上方嵌入電磁爐具、下方結合抽屜櫃體，提供多重功能機能。獨立的中同吧台並未靠牆擺設，無論身處於哪一側便能作為簡易餐桌使用，甚至也不影響到位移動線。圖片提供◎豐聚室內裝修設計

313
兼具料理與用餐的吧檯

由一字型廚房延伸而出的吧檯，高度與廚具一致皆為 80 公分，桌面配置電陶爐設備，可作輕食或火鍋料理使用，提高吧檯的功能性。圖片提供◎甘納空間設計

材質使用。矽鋼石不論在硬度、密度、強度和耐高溫方面等指標都遠超過其它檯面材質，對於有電陶爐設備的桌面來說較為耐用。

314
結合餐桌、工作桌功能的吧檯

從廚房吧檯一路延伸至公共空間，可當作餐桌亦可做為工作桌，人造石檯面落差以立體切割面銜接，並在桌面規劃了收線盒，方便電腦、網路盒等的安裝與使用。圖片提供 © 演拓空間室內設計

315
房間融入餐廚，方便長輩起居

空間為為位於樓上的長親使用空間，為了避免長輩因為用餐需求，而頻繁地上下樓，因此難得地替私領域融入複合設計，把起居室、餐廳、廚房等機能合而為一，並把廚房料理檯面結合餐桌，形成了流暢的使用動線。圖片提供 © 近境制作

316
mix 現代與古典的用餐吧檯

公共空間以開放式手法整合客廳、餐廳與廚房區域，搭配一字型中島結合用餐吧檯的安排，讓空間動線在不受拘束之中，又富有某種穩定的優美秩序感。結合美式氛圍的空間主題，則巧妙表現於桌腳的設計，展現幽默感。圖片提供 © 甘納空間設計

施工細節。檯面落差的切割從平面圖轉為立體的過程，必須密切與施工師傅溝通，確認點線面的位置。

材質使用。人造石檯面在拼接時會使用無縫膠接合，因此看不出接縫，達到一體成形的效果。

材質使用。採用深色賽麗石作為流理臺材質，具有耐污、較為抗菌、耐刮等特質，結合美觀與實用，貼心長親使用。

施工細節。賽麗石經拋光與真空壓製而成，材質硬度夠，檯面設計上保有適當空間，可供作為切菜板使用，讓餐廚用具回歸簡化。

材質使用。中島吧檯選用人造石打造，沒有毛細孔，防汙、耐髒又好清理。

◎ **施工細節。**餐桌底下僅運用單支鐵件做支撐，餐桌側邊同樣以單支鋼構固定於樓板，讓餐桌看似懸浮好輕巧。

317

318

◎ **材質使用。**大量低色調的霧面石材，無色彩的黑灰白呈現科技印象，使空間理性不冰冷，保留居住空間該有的感性。

319

317
超長 5 米餐桌與中島整合

獨棟住宅的中間餐廚利用長達 3 米的餐桌與 2 米中島結合，在於水平軸線獲得開闊延伸的視覺感，襯托出空間感，也彰顯出整體氣勢。圖片提供 ◎ 緯傑設計

318
中島餐廚整合影音閱讀

捨棄二房，透過一道長形中島整合餐桌，自由環繞的動線讓空間更為寬敞，開闊的作法讓自然光散布的深度更具表情。圖片提供 ◎ 水相設計

319
吧檯檯面延伸機能也延伸

吧檯依著廚具設備再做延展形成ㄇ字型的設計，有趣的是特別將檯面尺寸做了加長，多出來的部分加張椅子又能再變項帶出餐桌機能。圖片提供 ◎ 大晴設計

◎ **材質使用。**檯面使用的是人造石材質，除了耐磨也防水，同時在清理上也容易維護。

◎ **尺寸拿捏。**吧檯檯面長度也刻意做了延伸，加長部分正好作為餐桌使用。

151

320 吧檯與餐桌結合，大器、時尚、機能兼顧

長型餐廳運用大理石檯台與餐桌搭配，使空間有延伸效果。除了牆上的開放式收納櫃體，滿足機能外，並在餐桌延伸的吧檯之下，也同樣規劃了餐具儲藏。而餐桌採用深色木紋桌面及桌角的斜邊設計，與大理石的重形成有趣對比。圖片提供 © 子境室內設計

🔵 **尺寸拿捏。**實木餐桌長約 150 公分、寬 105 公分、高則為 75 公分；吧檯則為長寬都約 105 公分，高 78 公分，做出高低差的視覺效果。

◎ **材質使用。**吧檯採大理石框架的重，對照鐵件桌腳配胡桃木餐桌的輕，形成空間裡的有趣對比。

321

🍃 **尺寸拿捏。**由於廚房及餐廳空間並不大,因此吧檯僅量精小化,採高度為110公分,長約130公分,寬60公分,並搭配可調吧檯椅,呈現一致風格。

◎ **材質使用。**採用3種不同廠商燒製的復古紅磚營造餐廚空間的磚牆,搭配毛絲面金屬主牆及吧檯,加上竹鉚釘設計,打造飛機機殼感,營造濃濃創意工業風。

321

坐在機翼上吃飯的空間想像

廚房的設計則是採用開放式的規劃,在粗獷紅磚牆上的吧檯主牆上運用金屬鋼板上打造出的如飛機機艙外殼風格,而吧檯餐桌則是以機翼為概念發想,並加裝車輪支撐固定。金屬牆上是機窗可放屋主喜歡的照片。腳踏車吧檯椅,是找好椅座、腳踏車五金,特別訂製的。圖片提供©好室設計

322

中島大餐桌把家人拉作夥

為了讓空間更加開闊,將餐廚區做整合,並透過中島吧檯結合餐桌的做法,製造出空間的主體焦點,減少量體達到開闊。中島大的概念提供家人共同使用的生活情境,媽媽的料理檯、孩子的早餐吧檯、爸爸的工作桌、全家人的餐桌。圖片提供©成舍設計

322

🔵 **施工細節。**利用高低差的立面置入插座也做出功能上的區隔。

323 備料、用餐皆宜的吧檯設計

客、餐廳合併的設計，有效擴大空間尺度。吧檯和餐桌連結，大型且無屏障的餐飲空間，用餐、聊天都不受阻礙，能凝聚家人朋友的情感。吧檯則加裝水槽，能夠準備簡便的輕食料理，下方則視需求增加收納空間，開放式的設計，不僅能方便拿取，置放的物品也能成為點綴空間的亮點。圖片提供 © 大雄設計

尺寸拿捏。 吧檯長度約 140 公分，加上 180 公分長的桌面，不論是準備簡單輕食、或是三五好友聚餐都沒問題。

尺寸拿捏。結合廚房流理檯的 210 公分吧檯設計，透過不同高低差界定場域，如吧檯高約 110 公分，對應 90 公分的流理檯。

材質使用。流理檯面採人造石及不鏽鋼水槽，在吧檯部分，面材以實木為主，但立面採深藍色黑板漆鋪陳。

324
吧檯餐桌想變就變

吧檯則採用深藍黑板漆鋪陳，迎合男主人希望在家就能自在揮灑的需求，具備「想變就變」的生活彈性，吧檯上方則懸掛白鐵工作吊燈，點出輕工業風的居家主題；並在一旁規劃空氣循環機取代傳統抽油煙機。吧檯上方懸掛白鐵材質的工作吊燈，與粗獷的吧檯台面相呼應，點出輕工業風的居家主題。圖片提供 © 天空元素視覺空間設計所

325
一體成型吧檯餐桌，節省空間

由於只有兩人和寵物居住，再加上坪數較小，需巧妙善用坪效。因此拉長中島延伸出木製餐桌，一體成型的流暢設計，用餐、料理機能兼具，有效節省空間。同時客廳和餐廚開放無隔間的設計，也讓客、餐、廚三區形成視覺的連貫，空間更為開闊。圖片提供 © 大雄設計

尺寸拿捏。空間尺度較小的緣故，需預留四周的走道，中島約長 120 公分，延伸出的餐桌桌面長 140 公分，寬度則有 80 公分，兩人對坐用餐也不顯擁擠。

材質使用。以賽麗石打造的中島，不僅擁有硬度高的特性，好清理且耐髒的優點，更為，中島則延伸出木作餐桌，木皮的原始況味，與整體的北歐自然調性吻合。

CHAPTER

3

吧
檯

吧檯＋收納
吧檯＋餐桌

吧檯＋中島廚具

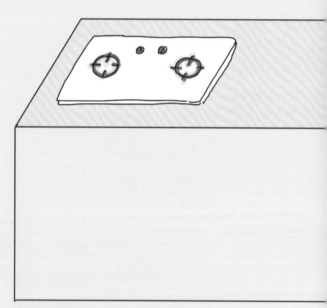

插畫繪製＿黃雅方

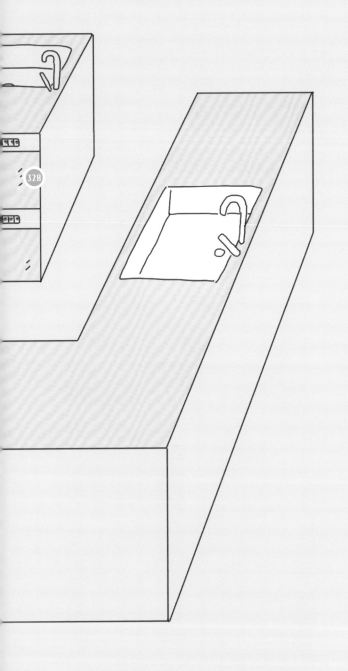

326 中島型吧檯
深度要留 80 ～ 85 公分

當吧檯兼具料理工作檯的時候，檯面的使用面積大，深度建議要有 80 ～ 85 公分，才適合用來當成工作檯操作，特別像是喜歡手作麵包、餅乾的屋主更要有充裕的空間。

327 專業人員
進行管線配置

如中島兼具烹飪或是嵌入式電器的規劃，裝置之前要再三確認電器尺寸，接著由除具廠商專業人員配置給水、排水與電源相關位置，廚櫃施作完畢後將電器放道櫃體中，進行測試即完成。

328 設備尺寸
符合廚櫃尺度

洗碗機要擺到中島檯面下，設備大小就必須牽扯到櫃體的尺寸，一般廚具標準深度是 60 公分，因此建議選擇寬 60 ╳ 深 60 ╳ 高 85 公分左右的機種。

中島廚具

329

是料理台也是簡易吧檯

廚具中又特別再規劃結合廚具的中島吧檯，除了可以區分不同料理，也讓機能相互分工。由於內含了簡易的電磁爐具與水槽，在這可作為輕食料理區使用，由於吧檯尺度夠寬，做完料理後也能直接在這品嚐，減少移動的不方便性。圖片提供 © 豐聚室內裝修設計

330

結合多重機能的輕食吧檯

開放廚房運用染灰橡木、檀木交錯成水平線條，廚具上增設吧檯，可在此享用早餐、下午茶點，刻意托出的吧檯量體與對比色調，則是強調出功能屬性的差異。圖片提供 © 寬月空間創意

329

● **尺寸拿捏。**中島吧檯的深度約 65 公分，但在檯面有特別加深至 85 公分，方便作為簡易吧檯之用。

● **材質使用。**中島吧檯檯面材質仍以好清理、耐熱、耐污材質為主，故特別選用人造石材質，美觀耐用又大方。

330

● **材質使用。**天然石材檯面呼應空間傳達的放鬆悠閒精神。

331

◐ **尺寸拿捏。**記得預留檯面拉出後的行走動線，避免走道太窄變得不好使用。

◑ **施工細節。**迎合屋主高檔品味，選配進口廚具，搭配獨有背牆系統，暗門尺寸及容積均量身訂製，需符合廚具現場條件。

◐ **五金選用。**在牆面添加銀色鋁合金板把手，材質輕量且具有良好手感，光潔度正好搭配白色牆體，成為不俗裝飾。

331

彈性伸縮中島檯面，是廚具也是吧檯

SNACK 系列五金，平常是一個中島，只要把桌面拉出即成為一個吧檯式餐桌，而原本隱藏在桌面下的廚具也顯露出來，大大節省了廚房空間，也強化中島的功能性。■ 圖片提供 © 紀氏有限公司

332

廚具延伸吧檯，動線更流暢

廚房呈白色主調，同時添加駝色木材質，勾勒出清爽的餐廚氛圍，後方牆面隱藏暗門，將廚具隱身其後，整合成完整立面，同時牆與吧檯作出接合設計，可成為輕食餐桌，也身兼置物檯面，與流理臺串連成一氣呵成的順暢流線。■ 圖片提供 © 鼎睿設計

332

333

🔵 **尺寸拿捏。** 中島檯面以適當的長度,提供足以容納一家三口用餐。

333　獨立吧檯增進親子互動

為了享有美好的窗外景致,刻意將靠窗廚房向內移,中島廚房結合吧檯與用餐的
機能,開放的餐廚空間也增加親子間的互動,連絡家人情誼。圖片提供 © 六相設計

334　高度提升，廚具延伸變吧檯

東向廚房藉由大開窗及採光罩充盈明亮，並利用的金色鍍鈦鐵板光澤，來平衡黑色燒面花崗岩流理檯厚重的視覺感。側邊用木作拉出水泥色短牆，一來可增加吧檯線條及素材的變化性，二來亦可遮擋雜物外露維持整潔視覺感。圖片提供 © 奇逸設計

◎ **材質使用。**選用抗指紋處理的鍍鈦板，可簡省經常擦拭麻煩。

◎ **尺寸拿捏。**面寬足夠，以長約 2 米 8、幅寬 55 公分、厚約 8mm 來處理吧檯，讓整體比例更漂亮。

臥榻＋收納

臥榻＋傢具

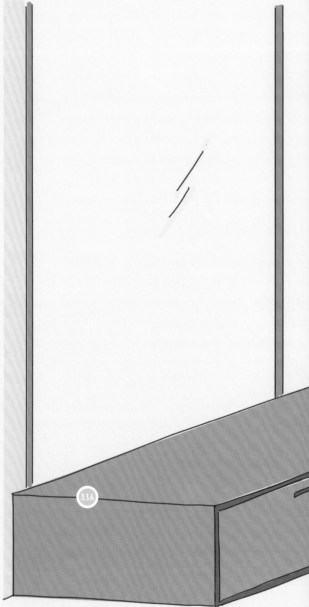

(336)

插畫繪製＿黃雅方

335 抽屜式收納
最實用

現代住宅的收納空間經常不足,利用臥榻深度設計收納,不失為解決收納的好方法。通常又分為抽屜式或上掀式,其中抽屜式使用便利,但須選用品質良好、耐用的五金,且平常使用時最好平行拉出,以免因不當使用而容易故障。至於上掀式收納的容量較大,但因為開啟時須將坐墊挪開,比較適合放置不常拿取的物件。

336 收納式臥榻
約 50 公分寬

臥榻尺寸可依照環境條件、屋主需求訂製,若主要規劃為收納機能,通常寬度大約是在 50 公分左右,很適合用來收納玩具或是 CD 等雜物,徹底運用到每個空間。

337 加厚板材
增加耐用性

多數臥榻為木作貼皮材質,若為閱讀、泡茶等使用,一般板材厚度即可,假如兼具像是電視櫃的功能,建議可增加板材厚度,搭配板材下的立板結構支撐,可避免長時間重壓變形。

338

● **尺寸拿捏。**總長度為 347 公分的大沙發，上頭可以利用不同尺寸的扶手抱枕排列組合，靈活調整座位寬度，至少能容納 5 個人排排坐；當客人來訪也能充當臨時客床。

◎ **材質使用。**臥榻硬體結構為木芯板貼木皮，抱枕填塞高密度泡棉，能提供一定的硬挺度與支撐性。特別規劃三種不同尺寸的扶手，呈現不對稱多變機能。

338

臨窗沙發也是客床

臨窗處沙發平時與複合大餐桌搭檔，便成為屋主一家練字、吃飯的主要活動場所。調整臥榻抱枕排列後，能從沙發變身臥榻，這兒就是午憩或是客人來可休息的地方。臥榻下方為木作收納櫃體，提供大量雜物存放機能。圖片提供 ◎ 馥閣設計

339

架高九宮格臥榻，可躺又能收

三代同堂的住宅空間，考量阿嬤有午睡的習慣，特別挑選擁有綠意的客廳窗邊規劃架高臥榻，臥榻採九宮格配置，中間部分是舒適坐、躺、臥的多功能彈性平台。當升降桌面升起時，其餘面向收納櫃才可掀起來當作收納空間使用。圖片提供 ◎ 力口建築

339

◎ **材質使用。**臥榻特別選用榻榻米材質，比起布墊更為透氣，也具有怡人的香味。

340

尺寸拿捏。依木地板上方再架高 40 公分形成窗邊臥榻設計，而長約 220 公分及寬 90 公分，正好可容納一位大人臥睡。

材質使用。木作臥榻，下方並加裝抽屜可以收納使用。而臥榻上方則採高密度泡棉的大型坐墊兼床墊，讓人躺臥都舒適。

尺寸拿捏。電視櫃總長 485 公分、深度 80 公分，不只小朋友，連大人在上面睡午覺都沒問題。

材質使用。臥榻為木作貼皮材質，板材厚達 5 公分，加上下方有立板支撐，能夠承受小朋友蹦蹦跳跳而不會有崩塌變型的疑慮。

340
延伸書桌的窗邊臥榻，營造休閒閱讀區域

延伸書桌的黑色檯面設計，串連到窗邊以臥榻收尾，讓書房有一體成形的視覺效果。架高的臥榻下方可收納，而上方則放上與沙發同材質及顏色的坐墊，不但營造休閒的閱讀氛圍，在客人來訪時也能充當臨時睡眠區。圖片提供◎子境室內設計

341
TV 臥榻是孩子們的遊戲區

為了孩子的生活環境與健康，屋主夫妻捨棄都市繁華搬至新竹郊外，為了不辜負窗外無限綠意，設計師特別將投影螢幕設定在臨窗處，規劃大型電視櫃兼臥榻功能，讓人坐在沙發隨時能遠眺自然美景，小朋友也可以在窗戶旁開心玩耍。

圖片提供◎馥閣設計

341

尺寸拿捏。臥榻深度為 55 ～ 60 公分左右，比一般餐椅還深，坐起來格外舒適。

342

342
架高木作臥榻收納雜誌、書籍

選擇在景觀最好的地方設置餐廳，並於窗邊以鋼刷梧桐木規劃休憩臥榻，有別於一般臥榻直接是落地，這裡的臥榻特別稍微懸空，加入椅腳設計，可淡化木材的厚重感，而臥榻下端更包含開放與封閉式收納抽屜。圖片提供◎界陽＆大司室內設計

343
小臥榻當沙發收納使用

運用系統傢具所設計出來與化妝桌、櫃體一體成形的臥榻，除了作為沙發使用，下方也配置了收納機能，打開門片就能把日常生活所需物品擺放進去，提升使用機能也消化所需要收納需求。圖片提供◎漫舞空間設計

材質使用。門片上緣處有做內斜設計，可作為開關把手之用，省去再多加設五金之必要。

343

📏 **尺寸拿捏。**臥榻做出約 70 公分的深度，足夠一人舒適地坐臥閱讀，下方則裝設開門式的櫃體方便蹲下收納。

📏 **尺寸拿捏。**臥榻刻意從窗台延伸至柱體處，拉長視覺之外，也巧妙隱藏了柱體的存在。深度 60 公分的適宜設計，人躺下去一點都不覺得狹窄。

臨窗臥榻兼具閱讀和收納機能

由於本身格局的條件，窗邊下方有大型的內凹空間，為了有效利用，臨窗做出臥榻。高樓層的優勢條件，能一邊閱讀一邊欣賞戶外美景。同時臥榻下方做足了收納，足夠的深度方便收納不常使用的物品。餐廳背牆以開放式櫃體鋪陳，滿足屋主大量藏書的需求。圖片提供◎十一日晴設計

窗邊臥榻呈現靜謐自然氛圍

臥房的採光良好，兩大扇的窗景能俯視戶外，為了不浪費這片美景，沿窗做出臥榻，打造舒適靜謐的臥寢空間。臥榻下方並設置收納，物盡其用的設計，有效提高坪效。臥榻向左延伸，加高高度後變成為簡易的書桌，也可當作梳妝檯使用。圖片提供◎Z 軸空間設計

五金選用。下方抽屜式設計，在門片上加了銅質的五金把手，讓整體更有型也更好開啟使用。

材質使用。木紋色的系統板，與床頭背板的木皮相互呼應，美耐皿的面材更便於整理與清潔，提供了美觀及耐久等特點。

施工細節。櫃體門片非上掀式設計，而是可以從坐椅下方直接打開門片做使用，使用容易也添增方便性。

五金選用。門片與櫃體之間以鉸鍊五金做銜接，透過螺絲鎖於兩者之上，不用擔心外露影響外觀，也方便輕鬆開闔。

346
可坐可休憩，還可當收納

臥床旁規劃了一個臥榻區，可當椅子坐也可以在這兒小憩，更重要的臥榻底下結合了收納設計，拉開抽屜就能收納相關生活物品，善加利用空間也讓使用機能滿滿。圖片提供◎豐聚室內裝修設計

347
兼具坐與收納的完美設計

配置在沙發旁邊的臥榻椅，高度是沿窗檯所設計所以不會破壞整體的視覺感觀，臥榻除了兼具坐椅功能，內還隱含了收納作用，打開座椅門片就能將生活物品擺放進去做好收納。圖片提供◎大晴設計

【臥榻】
收納

348

📏 **尺寸拿捏。** 臥榻高度約 65 公分與水族箱高度一致，藉由高度統一，可減少視覺零亂，空間線條也會更加簡潔。

348

低調用色減少視覺干擾

為了有效運用空間，因此在靠近窗邊設置臥榻坐位，解決客人來訪時，座位不夠的問題，另以上掀式收納設計，讓座椅同時具備大量收納空間；採用低調的深灰色，則是避免過多顏色造成視覺干擾，讓空間線條更加俐落、有型。圖片提供 © 邑舍設計

349

迎窗設置臥榻，創造舒適角落

主臥利用採光最佳的窗邊，增設具有收納機能的臥榻，下方大容量的抽屜設計，不只方便蹲下抽拉，也增加收納的空間。同時臥榻轉折向上，便可作為書桌使用，讓喜歡閱讀的屋主，多了一個休憩的舒適角落。圖片提供 © 摩登雅舍室內裝修

349

📏 **尺寸拿捏。** 讓人可舒適坐臥的深度至少需有 50 公分，高度則以人坐著方便站起施力的為主，同時下方採用抽屜抽拉，彎腰就可順利看清置放的物品。

350

◎ **材質使用。**臥榻運用雙色對比設計，帶出層次感。

350
雙重機能實踐小空間的高效利用

將座位跟儲物的機能重疊，靠窗處的臥榻擁有大容量的收納，也是小孩午睡的地方。此外當家中有展示需求也需要一道沙發背牆的時候，不妨將兩者結合變成一座展示背牆，整合紀念品、書籍的展示，讓生活記憶成為居家最亮眼的裝飾，至於大型物品則收整到臥榻去吧！圖片提供◎成舍設計

351
收納結合臥榻滿足多重需求

屋主希望以渡假風做為整體設計概念，因此材質與用色皆採用自然系，延續渡假風；坪數不大應整合功能以減少空間浪費，其中從電視牆貫穿公共空間的矮櫃，可將視覺一路延伸至落地窗，空間因而有放大拉闊效果，尺度經過計算方便坐臥，彌補座位不足，同時營造輕鬆、慵懶感受，除此之外，櫃體下方深度約45公分可拉抽的收納空間，也能滿足一家人收納的需求。圖片提供◎杰瑪設計

351

◎ **材質使用。**小空間不適宜選用太沉重的顏，高度降低同時選用淺色橡木貼皮，減低空間負擔的同時，偏自然系的用色也符合整體渡假氛圍。

352 將重低音結合的收納臥榻設計

在靠窗處，則架高木地板規劃出一處臥榻區，於底部融入收納機能，並將音響的重低音規劃其中，上方的滑軌道工業燈，形成有趣的畫面，透過良好採光與窗台小植栽的相互搭配，呼應了整體的綠意感設計。木質溫潤的色彩也與粗獷的紅磚牆及綠色烤漆櫥櫃門片形成一過渡帶。圖片提供◎好室設計

◎ **材質使用。** 為對應左牆的綠色烤漆的細緻感，及右側紅磚牆的粗糙感，因此臥榻採栓木山形實木皮營造溫潤感，仿大型機具的滑軌吊燈添情趣味。

◎ **尺寸拿捏。** 高 40 公分、寬 160 公分及長度 300 公分，若有客人來訪，移開茶几，睡兩個大人都沒問題。

臥榻＋收納

臥榻＋傢具

353 **客製化功能臥榻**
可以結合茶几、床舖

臥榻不見得只能當作座椅，也可以結合活動式茶几，甚至利用臥榻高度訂製可收納的床舖，就能把實用性再提升。

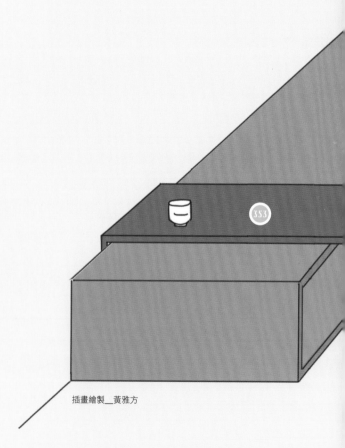

插畫繪製＿黃雅方

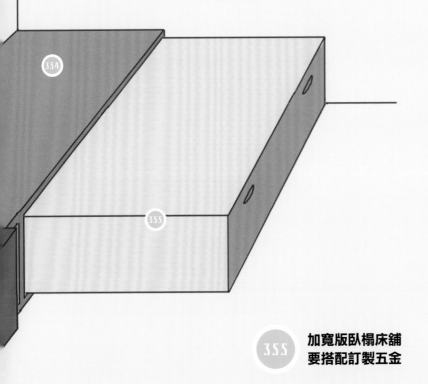

 354 臥榻面材
依據功能選擇

例如在臥榻上搭配不同的坐墊設計，以及不同色系與花紋的抱枕等軟裝，就可呈現截然不同的設計風格。

355 加寬版臥榻床舖
要搭配訂製五金

如果只是短暫性的休憩，臥榻多以貼飾木皮加上坐墊設計居多，不過若是屬於長時間的使用，建議臥榻底部可加入泡棉，表面也最好選用較為柔軟材質，使用上更加舒適。

356

◎ **五金選用。**活動小櫃椅底部設計隱藏輪子，到處推著跑也不怕刮傷地板；活動小几兩邊也設有輪子與軌道，調整移動起來格外順手。

◎ **材質使用。**小几面材鋪貼風化木皮，表面噴透明漆作防水處理；臥榻部分則貼染白橡木木皮，表面再作噴白處理，在同樣的木色調下，展現出些為的層次質感。

356
臥榻內藏四個滑輪方型櫃

窗邊的臥榻區，下方規劃能夠完全拉出的四個活動方型櫃體，可充當客廳座椅，加上原有的臥榻，就是兩倍的坐臥量，客人再多都不怕。此外，活動小櫃可上掀面蓋，變身大肚量的收納箱子，整理雜物與移動起來的便利度更是不在話下。
圖片提供 © 明樓設計

357
漂浮臥榻兼具衣櫃、抽屜收納

小房間透過複合式功能設計，創造出開闊的空間感，利用窗邊的開口處，規劃衣櫃與臥榻整合的框景，臥榻提供多樣的閱讀型態，而看似漂浮的底部，其實還隱藏雙抽屜，剛好讓小女孩收納玩具。
圖片提供 © 大湖森林設計

358
地坪翻轉延伸多樣機能

臥房聯結衛浴的地坪架高浮起，界定出空間屬性，靠客廳的一側向上反轉延伸為一道檯面，除了呼應整體空間的曲線造型，也具備使用機能，既是矮桌也是椅凳，多元運用不設限。圖片提供 ©CJ Studio

【臥榻】

傢具

◎ **材質使用。**樹脂水泥、玻璃

◎ **材質使用。**臥榻選擇緹飾絨布，觸感較為舒適，右側灰鏡則提供穿衣整容功能，底部內縮抽屜貼飾鏡面，達到漂浮視感。

◢ **尺寸拿捏。**雖然衣櫃底部內縮，但抽屜仍有 50 公分深度使用，加上預留 2 公分溝槽，無把手也很好開。

357

358

◎ **五金選用。**由於此臥榻深度達 90 公分，下端抽屜訂做加長軌道，方便拉出使用。

◎ **材質使用。**臥榻與拉出的單人床墊皆採用訂製泡棉＋皮革，無須再鋪床墊就很好睡。

360

◎ **尺寸拿捏。**臥榻尺寸長約 150 公分，寬約 60 公分，足夠小朋友坐或是躺臥使用。

◎ **材質使用。**增加軟墊與抱枕，坐起來柔軟舒適。

359

臥榻下藏單人床，一房二用

客房內的臥榻不僅僅是休憩用途，還須要具備客房的機能，因此設計師特別將臥榻深度放寬至 90 公分，符合單人床的尺寸，搭配臥榻下還可以再抽拉出一張單人床，一次睡兩個人也沒問題。圖片提供 © 界陽 & 大司室內設計

360

臥榻兼沙發，功能好實在

書房空間不大，為了善加運用坪效配置了兼具沙發功能的臥榻區，同時還鋪上了軟座墊，無論坐或是躺都相當舒適。延續善用利用空間的概念，下方也加入了收納設計，讓臥榻一物多用、功能好實在。圖片提供 © 豐聚室內裝修設計

CHAPTER

5

樓梯

樓梯＋收納

樓梯＋裝飾
樓梯＋傢具

361 樓梯踏階
堆疊抽屜收納

樓梯不僅具有串連上下空間的作用，樓梯下的空間，更是最適合做為收納的地方。每一個踏階都隱藏了收納抽屜，不開啟抽屜，只見交錯的線性切割，打開抽屜，就可以將生活雜物隱藏起來，不破壞空間美感。

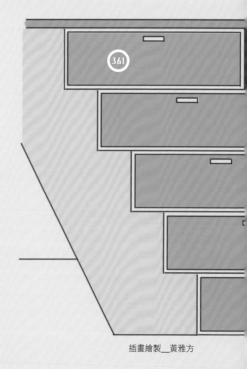

插畫繪製＿黃雅方

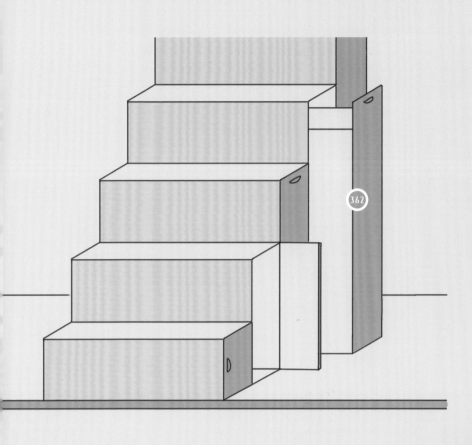

362

樓梯側面
也能變收納櫃

另一種作法是利用樓梯側面規劃為一格一格的收納櫃，又或者是直接將整個樓梯基座的厚度作為廚房的電器收納櫃。

363

● **五金選用。**由於樓梯來往踩踏頻繁,加上下方作為鏤空收納空間,因此特別使用德國五金鉸鍊與滑軌,以保障使用壽命。

● **尺寸拿捏。**隔間牆、收納櫃、傢具、樓梯構築成一個巨型量體,總長度約為 315 公分,高度頂天則是 295 公分。

364

363
踏階步步皆是收納

樓梯徹底融合收納功能,除了第二階供放置影音機櫃外,在第 3 階、第 7 階處做深度達 50 公分的小儲藏室,採上掀式樓板,並以不同木色區別放置行李箱、電扇、吸塵器等大型物品。圖片提供◎白金里居空間設計

364
樓梯除了收納、也是小書房

樓梯開口於玄關入口處,每個踏階都設置上掀蓋,提供放置雜物。此外,坐在最上層,把腳沿著階梯往下一擺,放下嵌於隔間牆中的上掀板,當下就成為女兒專屬的小書房。圖片提供◎瓦悅設計

◐ **五金選用。**量身訂作的電動樓梯,主要結構是特製馬達與鐵件、木作,搭配地坪與壁面內嵌兩條軌道,讓樓梯能夠自由開啟與收回。

◐ **尺寸拿捏。**樓梯厚 124 公分、高 154 公分、寬 75 公分,可完美收攏於壁櫃當中,當完全闔起時,可釋放出約 90 公分的走道寬度。

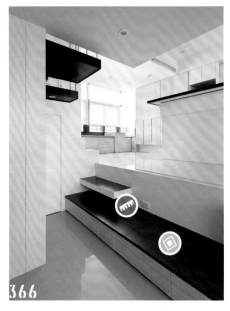

366

◎ **材質使用。**電視櫃的檯面為超耐磨木地板,立面則為風化木噴漆,深色結合耐磨材質,無論是站立其上或是坐臥都不用怕。

◐ **尺寸拿捏。**電視平台約 60 公分深,放下電視與喇叭等影音設備皆綽綽有餘。板材厚度約為 2 公分,加上下方抽屜間的立板,支撐結構相當穩固。

365
電動樓梯大肚量,蒸爐、烤箱通通 ok

9 坪小住家中,通往上方夾層的樓梯藏於廚房中,平時可收攏於一側壁櫃,釋放出約一個人能夠迴旋、彎腰的活動空間。重點收納設置於樓梯側面,包括層板、抽屜與蒸爐、烤箱,機能十分強大。圖片提供 © 馥閣設計

366
電視檯面當樓梯踏階

身為電視檯面,同時也是樓梯的一個踏階,設計師並沒有浪費下方的空間,順勢作為客廳區域的收納抽屜。合而為一的規劃,讓空間整體設計感更為一致。圖片提供 © 明樓設計

365

⊗ **施工細節。**落地式橫拉門的門片下方有 0.6 公分高的軌道，施工時可預埋入地板內，讓地面維持一致的平整。

⊗ **施工細節。**看似不深的開放式收納，其實為了更穩固，實際上是埋進木盒的構造，藉由一體成形的包覆增加木作的承重力，讓具有相當重量的書本，也能安然置放。

🖊 **尺寸拿捏。**由於一開始就設定好會放置書報雜誌，因此以高度 30 公分、深度 40 公分的適宜尺寸量身訂作，整體視覺更為緊密有秩序。

367
橫拉門讓樓梯儲藏更俐落

樓梯下方的畸零空間經常作為儲藏，門片式的開啟需要預留門片旋轉半徑，這時後不妨運用落地式橫拉門，使用上較不佔空間，門片材質可搭配玻璃或是重量較輕的複合木門。圖片提供 © 紀氏有限公司

368
巧妙應用梯下空間

因應藏書和展示的需求，善用樓梯空間，改建樓梯下方的儲藏室，增加收納量，並挪出部分空間，在外部做出開放式的展示區，讓書本也能成為點綴家中的一部分。刻意計算好的高度，放進書本緊致有度，一點都不浪費空間。圖片提供 ©Z 軸空間設計

368

369

◉ **材質使用。** 由於此為男孩房，因此延續整體空間配色，以黑白色系做搭配呼應也不顯突兀。

◉ **尺寸拿捏。** 立面收納門片微凸0.5mm，視覺上仍保有俐落感，卻能便於使用者開闔門片。

369

具複合機能的階梯設計

由於屋主希望盡量保留挑高下方空間，因此設計師在挑高四米的兒童房，下方空間留了 240 公分，樓梯階數因此增加；考量量體過大易有壓迫，也容易浪費空間，於是將樓梯做了轉折，減少空間的使用，另外將樓梯結合收納，並藉由開放、隱藏式收納櫃交錯，活潑收納櫃表情，也讓原本佔據空間的大型量體，收放更自由。圖片提供 © 絕享設計

370

藉由機能整合，釋放空間感

在僅有三坪的空間，為盡量讓空間顯得較為開闊，設計師以系統櫃桶身堆疊出通往夾層的階梯，利用系統櫃原本具有的收納功能，讓階梯不只可以走還能收，考量到收放便利性，交錯以上掀、拉抽等收納方式做應變，顏色太重顯得過於沉重因此採用白色系，弱化量體存在感也有效增加小空間明亮感受。圖片提供 © 絕享設計

370

樓梯

樓梯＋收納

樓梯＋裝飾

樓梯＋傢具

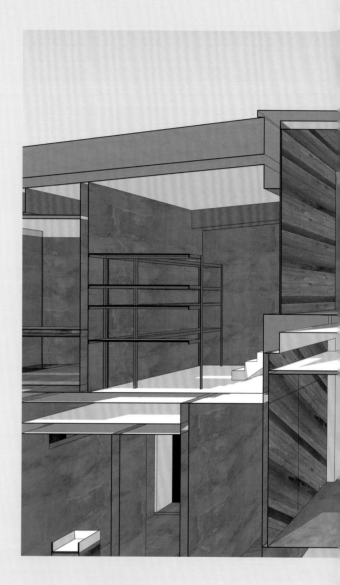

371 造型多變，
如大型裝置藝術

樓梯不再只是提供上下樓層的串聯，也可以具備賞心悅
目的效果，例如用折梯概念所設計而出的鋼構樓梯，如
同另類的螺旋梯，營造出每一折的休憩平台，不依附牆
面的無支撐設計，成為大挑高空間的一個大型雕塑品。

3D圖面提供©緯傑設計

372 運用素材特質，
與空間風格相呼應

現代住家可運用龍骨鋼構設計的鐵梯，踏階選擇溫潤
的柚木實木，抑或是以鐵件烤漆的方式呈現，不過在
踏面的材質選擇上也需注意後續使用與保養問題，例
如木皮部分因為要常常踩踏，厚度可增加到 6mm。

373 樓梯以奇數為計算單位

每階高度為 15 ～ 20 公分之間，踏板深度為 25 ～ 30
之間。樓梯長度的計算方式，從地面到第二層空間
（含樓板厚度約 15 公分）的總和，除以台階的高度
再乘上踏板的深度，高度與深度之間數字上要斟酌。

374

施工細節。將木櫃與墊高 17 公分的水泥結合，既可確立分界也具提醒功效，避免不慎踢到水泥受傷。

材質使用。0.9 公分薄型鐵梯可將量體干擾降至最小，同時確保承重。

374
薄型鐵梯化身裝置藝術

長型屋藉梯座置中安排，使冗長動線獲得喘息，也擘畫出各區氛圍差異。地面以水泥奠定基座支撐，強化出專屬範疇。中段則融入水泥平台增加轉折、補強結構。薄板凹摺與鏤空扶手使樓梯宛若藝品，成為不可忽視的室內焦點。圖片提供 © 奇逸設計

375
懸吊鐵件樓梯放大空間視覺

挑高小坪數住宅，將樓梯倚靠廳區結構牆而設，搭配採取黑鐵噴漆作為主結構，細膩的樓梯扶手懸掛於天花板結構，踏階則是輕薄的鐵板，讓空間保有開闊寬敞感受，而樓梯又像是一件裝置藝術。圖片提供 © 界陽 & 大司室內設計

施工細節。樓梯側邊安排人影接收器，不論上下樓都會自動開啟一盞盞側邊的燈光，無須手動控制。

375

尺寸拿捏。 為了達到樓梯精神的延伸，無論材質如何轉換，落差皆是一階約 20 公分的高度。

材質使用。 木皮部分為了承受常常踩踏的磨擦力道，使用 6mm 厚度，避免過薄而破皮毀損。

施工細節。 牆面內順著樓梯斜度預埋鋼槽，增加支撐強度。踏階面寬至少要 25 公分，間距則以 15～18 公分為宜。

材質使用。 燈槽內嵌 8 公分寬的毛絲不鏽鋼扶手，增添安全亦可降低玻璃髒污機率。

376
樓梯轉折處成小舞台

在長型、透露著平穩氣息的住家空間中，樓梯除了是連接樓層的過道，還扮演著裝飾線條量體、舞台等不同面貌。利用材質的轉換、越來越寬敞的「台階」，樓梯不再只是匆匆來去的處所，而是能駐足停留的家人專屬表演小舞台、休憩留白角落。圖片提供 © 相即設計

377
紅梯與燈槽共綻線條魅力

原朝東樓中樓開窗太多使得隱私不保。透過封窗，爭取到挑高近 6 米的新牆，亦藉由燈槽光源賦予立面更多表情。以灰色石材做起始引導，梯階則採暗紅跳色，並藉鏤空姿態型塑輕盈。清玻扶手可確保幼兒安全亦能降低設計干擾。圖片提供 © 奇逸設計

CHAPTER

5

樓梯

樓梯＋收納

樓梯＋裝飾

樓梯＋傢具

 踏面延伸整合檯面，
小空間更俐落

複合機能的規劃，可以有效解決坪數的限制，舉例來
說，樓梯踏面延伸成為電視櫃平檯、餐桌吧檯，透過
功能的整合，降低繁複的量體與線條存在感，以延續
性的線條感即可達到放大空間的效果。

3D圖面提供©緯傑設計

379 善用樓梯結合櫃體傢具

對於寸土寸金的小坪數居家,即便樓梯下方也得好好利用才行。但究竟要規劃成

什麼樣子?還是端看樓梯位置和使用者需求而定,若將臥房規劃在空間下層時,

也可能出現書桌、衣櫃等,甚至是冰箱或酒櫃等,也是可能的方式。

⊚ **材質使用。** 吧檯檯面採用強化玻璃,當成檯面使用時可確保強度,需要清理水族箱時,只要以吸盤吸起玻璃,就可直接清潔。

380
具備多機能的複合式吧檯水族箱

考量空間太小,若特別佈出空間放置水族箱,可使用的空間勢必受到擠壓,因此設計師以黑水泥與磨石子打造出一座複合式吧檯水族箱,同時藉由吧檯界定客廳與餐廳二個區域,並將量體向側邊延伸出二階樓梯踏面結合鐵件,打造一座極具特殊造型的樓梯。圖片提供◎邑舍設計

381
沙發椅藏在樓梯下

這個空間是一個約莫只有 7 坪的住宅,但又必須滿足基本的生活需求,因此設計師利用樓梯下規劃活動式茶几,因為附有滾輪可輕鬆移動,同樣也能作為沙發椅使用,且椅墊內部還擁有收納機能。
圖片提供◎力口建築

⊚ **材質使用。** 正面部分貼飾茶鏡,讓小空間在視覺上可獲得更寬廣的效果。

⊚ **施工細節。** 必須要計算好活動傢具收納時,推拉的順手度與活動滾輪是否能固定,才能讓彈性空間有更多良善的機能組合。

382

施工細節。樓梯為空間中最大量體卻不顯笨重的原因在於採無龍骨設計線條更加乾淨俐落，加上踢腳板處特別內推，營造不落地的懸浮輕盈感。

材質使用。樓梯結構採用鐵件與夾板，踏面鋪貼仿石材磁磚與木皮，天然質感營造度假氛圍，超高挑高尺度也顯得住家更加開闊無壓。

382
樓梯平台成客廳臥榻

拆除與頂樓鐵皮屋局部樓板，增加室內使用空間，運用樓梯連結上、下兩層。將樓梯視為裝飾量體而不單單只是機能過道；梯座轉折處則納入客廳中，以兩層踏階約 40 公分約等同於椅子高度，成為可坐臥的舒適臥榻區。圖片提供 © 相即設計

383
樓梯也是電視櫃，線路隱形化

挑高 3 米 6 的 7 坪住宅，利用複合機能作法，解決坪數的限制，影音設備櫃整合在樓梯結構內，線材、設備的凌亂完全解決。考量樓梯主體為深咖啡色調，電視框架採用鵝黃色平光色系，不看電視時也可以是室內空間的漂浮量體。圖片提供 © 力口建築

五金選用。黑鐵電視框烤漆主體內崁培林加 4 公分不鏽鋼圓管結構支撐架，線路走踏階至不鏽鋼圓管。

施工細節。不鏽鋼圓管內徑須預留ＨＤＭＩ及插座線，且長度須多預留 1.5 倍，好讓旋轉電視時有彈性的線路迴轉空間。

383

CHAPTER

6

門片

門+隔間

門+電視牆

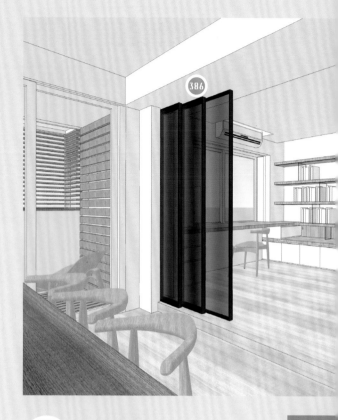

384 拉門可創造 零走道空間

公共廳區與書房規劃在一起時,常常需要「既私密又開放」的設計要求,這時只要運用利用軌道拉門靈活區隔場域,遇有聚會或客人較多時,將門片推至牆角,就能把兩區合而為一。

385 根據私密性選擇門片材質

門片材質可依需求做不同選擇,一般而言分常以透光與遮光與否來做材質上的區分,若希望透光性強,則多以透明玻璃為主;反之需要遮光性強,則常見使用木門、夾紗玻璃、噴紗玻璃、烤漆玻璃等。

386 連動拉門要加齒輪，摺門就用地鉸鍊

定點式連動拉門，主要使用配件為吊輪與軌道；第二種連動式連動拉門，除了吊輪與軌道之外，還加入了互相連結齒條與齒輪。另外，還會再附有地導輪或L型導輪，前者是將導輪固定在地面上，後者則是鎖牆壁或門片上，均可有效防止門片運作時左右晃動。

387 盡早確定連動拉門的固定方式

由於連動拉門的固定方式分為懸吊式與落地式，天花板置入軌道軸心為懸吊式，而天花板與地面皆有軌道軸心則為落地式，因此，最好在裝潢前就確認要安裝活動拉門的方式，施作時可將軌道藏於內。若是裝潢好後才考慮安裝活動拉門，可能涉及其他相關拆除工程，連帶施工成本就會提升。

3D圖面提供©緯傑設計

388
夾紗茶玻門型塑內玄關

從大門往內看，目光會直視客廳，為了保留隱私，在玄關與客廳之間設計了雙開可完全收進牆面的推拉門，茶玻夾紗材質能透光，關上不會讓玄關全暗，保留隱私也讓空間維持彈性。圖片提供 © 珥本設計

389
旋轉門留住光線，讓空間有所連結

作為住辦合一的設計工作室，必須在小坪數中隔出連結又能獨立空間，工作區與兼具會議區及餐廳功能的空間便以旋轉門片為隔間，關閉時，是公共空間的主牆面，打開時又能讓光線透進工作區。圖片提供 © 甘納空間設計

390
格柵摺門讓光影化身住家裝飾

書房以格柵摺門與玄關區隔，平常可完全開啟，即便關起時也能將日光層層引入，纖細的光影線條語彙灑落地面，帶來幽靜的獨特氛圍。光線堆疊導入室內，細節裝飾即透過自然的形式表現。圖片提供 © 水相設計

◆ **五金選用。**可全收入牆面的門片，訂製把手方便將手伸入牆面勾出，門片收起時不露把手又方便開闔。

◎ **材質使用。**門片為茶玻夾紗，可透光又兼顧隱私。一旁的鞋櫃貼附鏡面，方便出入整裝。

388

【門片】隔間

389

390

◎ **材質使用。**面對餐廳的轉門貼上特殊的法式浮雕線板壁紙，施工方便，另一側工作區的轉門則是磁鐵板，可當作工作 memo 板使用。

◎ **材質使用。**講究手感觸碰在每種材質呈現的不同溫度與肌理，亦是空間與自然的連結，搭配細節的裝飾使藝術形式完整體現。

391

◉ **五金選用。**推門採用上下固定式五金，方便左邊門片打開時做為禪修空間的收納櫃門。

◉ **尺寸拿捏。**特別以寬幅度的雙門片讓獨立空間在完全展開時仍與其他空間維持高連結度。

391
直條紋雙片推門，不露痕跡隱藏靜謐私人空間

屋主有在家打禪修息的習慣，希望有一個安靜不被干擾的獨立空間，設計師刻意將鄰近窗戶的區域架高，讓屋主因可以在日光充足的空間靜心打坐，並以雙推門開展與客廳空間的延展性，關閉時也能維持空間整體感。圖片提供©森境&王俊宏室內裝修設計

392
木格柵讓光與視線流通與穿透，增添靜謐禪意

依照屋主生活習，將餐廳、廚房適度區隔，運用間隔細密的木格柵，讓彼此之間的光線可穿透流通，營造出若隱若現的空間美感。圖片提供©尚藝室內設計

392

◉ **材質使用。**門片採用木格柵結合灰玻璃，創造具有隱密性的穿透感，需藉由燈光才能感受到彼此空間的存在。

施工細節。吊懸式拉門若施作於木作天花板時，需考量木作天花板載重量，以免無法承受拉門重量導致危險。

394

393
視覺穿透維持空間完整性

由於鋼琴特別注重溫濕度調節，因此琴房需從原本開放式的空間獨立出來，為避免實體隔牆讓空間變得狹小又有壓迫感，以三片連動鋁框玻璃拉門取代隔牆，拉門自由收放讓空間變得更具彈性，玻璃的穿透效果，則讓視覺得以延伸，有效化解實牆帶來的封閉感受。圖片提供◎六相設計

394＋395
瓦楞板摺門作隔間，輕巧更好拉

毗鄰客廳旁的客房，由於平常多半是屬於客廳的一部分，因此採用較為彈性的隔間方式—摺門＋滑門來創造最大的空間利用。圖片提供◎力口建築

材質使用。門框為黑鐵鏽蝕染色加 8mm 厚透明瓦楞板門扇且雙面貼漸層貼紙，比玻璃更為輕巧。

施工細節。須考量門片重量與使用材質關係，打開時的把手及固定鎖也要考量進去，通常門片關上時較細心的話也可以考量如何固定門片，此案例摺門關上時有預留卡榫與衣櫃門片齊平。

395

【門片】
隔間

尺寸拿捏。連動式拉門的門片均有厚度，於書房櫃體內預留收納門片的空間，才不會影響整體美觀與使用。

396

材質使用。摺門以半透光的長虹玻璃，少了實牆的壓迫感，透過光線的引導，讓視線模糊中帶點微清晰，讓使用者能在開闊之間，享受開闊又獨立的空間感受。

397

396
連動式拉門，書房也是客廳延伸

客廳和書房之間運用連動式拉門為區隔，平常可完全收納隱藏，讓廳區與書房空間連成一氣，同時也預留電動捲簾規劃，可彈性轉換為客房機能。圖片提供◎界陽＆大司室內設計

397
玻璃摺門讓光影創造隔間之美

採用開放式手法的公共空間中，在和室與書房之間除了架高地坪界定外，還加入了彈性隔間元素，使用了長虹玻璃作為折門，能隨著使用需求調整使用，兼顧私密與獨立性。圖片提供◎尚藝室內設計

> **五金選用。**使用吊軌式五金，並加強天花板的結構支撐力，兩道門片都能順暢開闔。

> **材質使用。**實木門與格柵門都使用緬甸柚木，走道地坪靠臥房客廳的一側為木地板增添溫暖，靠餐廳廚房區為石材。

398

398
藉由拉門變化空間關係

玄關進入女兒房的過道，由於採光面在女兒房，為引入採光並兼顧隱私，設計了兩層式拉門，一道為實木門，一道為格柵，並在廊道靠餐廳的牆面開出一道縫，當房門打開或只關格柵門時，光線能透入室內，並展現光影效果。圖片提供© 珥本設計

399
懸吊鐵件讓隔間變輕盈

玄關以一根黃金檀木定位，上方設計了一道鐵件天橋，與樑的線條切齊，弱化樑的存在感，同時是結合走入式鞋間和電器櫃的門片軌道，電器櫃的格柵門片回應空間的東方主題，走入式鞋間則選用白色門片，開闔之間也創造空間的關聯或區隔。圖片提供© 珥本設計

> **五金選用。**使用鐵件訂製的天橋軌道，下方電器櫃與走入式鞋間門片運用俗稱土地公的五金，做出無軌道又穩固的效果。

> **材質使用。**格柵門為整株緬甸柚木原木切割，內襯黑色透氣布讓電器散熱又看不見凌亂。

399

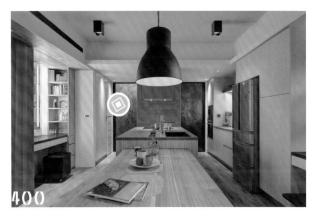

400

401

◎ **材質使用。**主臥門片同時也是家中公共空間的端景牆，採用玻璃噴砂手法製造雲霧交纏的佈景，為空間植入藝術氣息。

◎ **材質使用。**保有穿透特性下在玻璃折門上裝飾東方意象圖騰，即使以實體門片區隔空間區域仍保有視覺的通透感。

▶ **五金選用。**選用對開式的門片，讓開啟折門時展現俐落的線條，創造輕盈簡潔的空間感。

400
用一扇門為家裡植入藝術魂

以雙邊滑推門為廚房與主臥進行分界，門片可雙雙收整於中段牆面，形成半開放的回字型空間，共享採光與通風。門片運用玻璃噴砂手法達到透光不透影的效果，有如雲霧交纏的畫面為融入創意藝術，讓門片不只是門片分隔場域的隔間。圖片提供 © 成舍設計

401
開放空間以玻璃隔間折門適度阻隔練琴聲音

別墅型式的複層空間裡，在餐廚房到通往 2 樓的公共區域規劃練琴室，玻璃門的安裝能保持光線的通透，同時讓開放空間達到適度的隔音功能。圖片提供 © 森境 & 王俊宏室內裝修設計

402
相異材質拼接，保有書房隱私

書房拉門的設計，除了能減少油煙進入，也能隨時成為隱蔽的辦公領域。半穿透的玻璃材質，能讓光線透入，避免書房過於陰暗。圖片提供 © 大雄設計

◎ **材質使用。**書房的拉門中段刻意使用帶有夾層的磨砂玻璃，能適時讓書房保有隱密、不受外界打擾。深色玻璃的使用則能在米色的空間中穩定重心。

▶ **五金選用。**懸吊式的拉門設計，是在天花處埋入軌道，並利用軌道本身的拉力固定並移動拉門，因此在選擇五金時，需使用承重力強的滑軌。

402

403
門與隔間統一用灰玻放大空間

主衛藉由灰玻圈圍出廁所與蒸氣淋浴間範疇。以通透材質鋪陳能有效放大空間，加上主使用者為夫妻，對隱私開放接受度更高，反而能增加交流情趣。灰玻色澤除了能降低全透的直接，亦可帶出走道色系漸層，使立面更具協調感。圖片提供 © 奇逸設計

404
直紋玻璃摺門，光影及隱私兼顧

呼應整體空間的水泥、鋼筋及紅磚工業風格的氛圍，沙發後面的摺門，可以將書房和客廳兩個空間隔開，增加空間的層次感和變化性。可透光的直紋玻璃，能夠達到區隔空間卻又不影響採光的效果，同時也能達到隱私的目的。圖片提供 © 好室設計

▶ **五金選用。**隔間邊角用 U 型不鏽鋼收邊，強化造型與阻水功效。

403

404

◉ **材質使用。**鐵件門框配有著復古氛圍的直紋玻璃摺門設計，讓光可以通透，但又顧及到隱私性問題，最重要的直紋玻璃是符合工業風的格調。

◉ **尺寸拿捏。**每一門片約 45～50 公分，並走上軌道牽引，讓空間看起來更為大器，舒適也易清理。

405

🔩 **施工細節**。為了能隨時注意小朋友在閱覽室的動靜,大門片旁採玻璃隔屏,也能適度引進窗戶光源進入餐廳。由於孩子常在這裡出入,特別選擇沒有軌道、下栓門片,避免跌倒受傷。

🔗 **五金選用**。由於通往閱覽室的門片尺寸寬 151 公分、高 248 公分,非常厚實沉重,因此特別採偏心門軸作為門片五金,取其適合負重、開幅大的特性。

405
偏心門無需軌道,出入更安全

餐廳通往閱覽室是利用超大木作門片搭配清玻作區隔,局部的視覺穿透,讓小朋友獨自在裡頭家長也能放心。偏心門片完全打開後可遮蔽右側通往儲藏室的通道,讓餐廳與閱覽室呈現開放互通狀態。圖片提供 © 馥閣設計

406
大片 OSB 拉門營造穀倉粗獷感

客廳與主臥採用大拉門片做活動隔間,定調為兩扇是因為考量線條分割較少外,若增加門片數也等同於增加上下軌道厚度,連帶影響過大。此外,大型木質門片容易產生的翹曲問題,則在客廳側以木條釘出米字型平衡表面張力,作應對之道,延長拉門平整以及使用年限。圖片提供 © 法蘭德設計

◎ **材質使用**。採用大片木料壓縮的 OSB 板,利用不規則的紋理模擬穀倉的粗獷豪邁;最後再上一層透明漆,令觸感更細緻,亦確保防水效果。

🔗 **五金選用**。門片由於是木料壓縮材質,加上寬度有 165 公分,重量驚人,需同時裝設上、下軌,加上使用相應載重的「重型滑軌」才能確保使用年限與居家安全。

406

● 尺寸拿捏。順應空間輪廓將臥房整合於空間同一側,精算每個房間的間隔距離,而線板造型能弱化門板門些微差距。

▶ 五金選用。摺門門片厚度應配合鉸鏈寬度,如此五金與門片之間咬合才會確實,折門才會穩固。

407
古典造型門板巧妙隱藏整體臥房入口線條

原始毛胚屋沒有任何隔間,在遷就廚房及浴室位置的情況下,設計師將兩間臥房、儲物間及收納櫃全規劃在客廳的右方,透過大面線板造型牆作為隱藏門整合房間線條。圖片提供© 森境&王俊宏室內裝修設計

408
靈活折門創造空間彈性

選擇開闔自由的摺門,讓空間使用具有獨立與開放二種彈性,材質採用與木地板接近的淺色鋼刷梧桐皮,呼應整體空間風格的同時,在折門拉起成為隔牆時,也可藉由輕盈木色減低沉重感。圖片提供© 六相設計

409
輕盈拉門界定理性與感性

走道區隔的餐廳與書房,形成一個大十字交會場域,書房特別訂製整組義大利拉門,作為兩個空間的區隔,社交感性的餐廳用圓桌搭配 Tom Dixon 的 Beat Light 吊燈,書房則選用長實木桌與 Mario Bellini 設計的皮椅搭配義大利一字型吊燈 Talo,營造理性思考。圖片提供© 珥本設計

【門片】

隔間

◎ 材質使用。義大利訂製茶色玻璃門,尺寸需精準測量,邊框為鍍鈦金屬,左右為實心純鋁,下上為金屬打摺,鐵件纖細收邊細膩。

▶ 五金選用。兩層式軌道,先安裝底座,再安裝軌道,軌道修飾板也是鍍鈦材質。

410

玻璃拉門虛化隔牆，讓空間更開闊

這間以玻璃拉門及文化石打造的溫馨書房，蘊藏著諸多精彩的設計手法。鋼刷橡木地板延伸至屋外與地磚相接，讓空間感受得以延伸銜接，更加強室內動線的流暢感；書房本身同時也是主臥室的入口，以飯店二進式主臥為設計概念，空間運用上更具彈性。圖片提供 © 杰瑪設計

411

玻璃門是隔間也是意象表徵

木板區以不規則的燈光安排和秋千營造出在森林中漫步嬉遊的意境。除了透過地面與露台水平一致，以及將沙發座椅嵌合於地面增強串連感外；滑動的玻璃門片如同流水穿引、分割著內、外景致，卻又可以保留自成一格的獨立。提供 © 大器設計提供 © 大器設計

🌀 **施工細節。** 地面以略帶反光質感的石英磚鋪陳，輔以鐵件框邊的清玻拉門，與鋪設海島型地板的書房做出區隔，收邊時刻意將木地板往外多鋪一塊；不僅能擴充書房寬敞視覺，也讓磚地面多了框邊效果。

🔧 **尺寸拿捏。** 單扇玻璃門長寬約 75 公分 ×80 公分，除了輕巧便於推拉，亦可藉萬向五金使門片 180 度平轉收合於牆腳。

🌀 **施工細節。** 刻意加厚沙發背靠為 30 公分，可充當木板區座椅。

411

● **尺寸拿捏。**透過 15 公分 ×15 公分的黑白方塊交錯出鏤空拉門，形成寬 100 公分，高 200 公分的實木拉門門片，在空間裡形成有趣畫面。

● **材質使用。**以深灰色木質門框，搭配黑白烤漆實木設計而成的矩陣拉門，呈現出門的精緻感及層次變化。

412
黑白矩陣棋盤拉門，營造奢華休閒氛圍

屋主購買此屋想做為休閒渡假屋，並招待朋友來此宴客聊天，因此將公共空間放大，並透過拉門設計讓空間機能更活化，於是利用黑白方塊交錯出鏤空拉門設計，在開闔之間營造不同的空間景緻，並在光影穿透下，更有一番高貴典雅風味，也呼應整體空間設計主軸。圖片提供 ◎ 拾雅客空間設計

413
讓空間收放自如的折門設計

根據屋主生活需求，大臥房以一分為二為概念規劃，當摺門收起來就是一個大臥房，滿足目前有夜間照顧小朋友的需求，事先精算好尺度預留走道寬度與獨立門片，則便於未來將摺門拉上變成隔間牆，快速隔出一間獨立的兒童房。圖片提供 ◎ 六相設計

414
鵝黃拉門點亮童趣，把書房藏起來

小孩房以「將書房藏起來」為趣味發想，牆面採用三片大拉門做造型，左側為書房與書櫃區，右側則是衣櫃與收納雜物的地方，中間門片不能移動，是給另一側廚房做內嵌備餐檯使用。具備收納與書房機能同時，當門片全部闔起，空間顯得整潔而寬敞。圖片提供 ◎ 相即設計

● **施工細節。**摺門下軌道的安裝不可省略，雖然視覺上地板因為凹槽顯得較為不美觀，但卻能確保門片的穩固，摺門推拉時才會順暢。

● **尺寸拿捏。**考量到小朋友年紀還小，使用空間還不需要過多以免閒置，三個門片比例為 1:2:1，保留更多機能給予廚房做內嵌備餐檯。

415

日式拉門隔絕油煙干擾

年輕屋主偏愛沉穩內斂的空間質感,加上母親也經常下廚,因此餐廚之間以拉門做為區隔,防止油煙散溢,並以木質創造如日式障子門的概念,透過線條捕捉光影的氛圍。圖片提供◎大湖森林設計

416

跳色紅牆是藝品也是門片

餐廚間以清玻璃加鐵件邊框劃分界線,阻絕油煙外洩之餘,也保留了視覺延展優勢。紅色門片除可緩和視線透入到底的直接並活化餐區整體感外;飽和色澤亦成為華美藝術端景,推移之間不僅調度了牆面風貌亦創造出空間亮點。提供◎大器聯合建築暨室內設計事務所

◎ **施工細節。**懸吊式拉門的固定方式,是在裝潢之前將軌道隱藏在天花板內,比起落地式拉門會更美觀。

◎ **施工細節。**門片寬幅達 2 米 5,因此須在天花上先預埋鋼槽並採斜撐工法,方能提供穩定支撐。

416

417

封閉、開放皆宜的空間

在隔間全部變更的情況下，拆除客廳和廚房的隔牆改為玻璃拉門。穿透的拉門不僅能拓展深度，也讓光線和視覺在空間中流動；可隨時調度的拉門設計，展現或密閉、或開放的空間。圖片提供 © 十一日晴設計

418

左右位移拉門、隔間瞬間變動

廚房旁即為書房，緊鄰的兩個空間皆需要一道門賦予遮蔽性質，於是設計者試圖整合運用拉門來取代，只要透過左右位移方式，門不只可以相互共用，門與隔間牆的定義也能在瞬間移動過程中被重新詮釋。圖片提供 © 豐聚室內裝修設計

🔩 **五金選用。** 拉門採取上吊式的軌道，只有上方支撐拉門重量的情況下，需選擇重型滑軌，支撐力才足夠，否則會有脫落之虞。

🟢 **尺寸拿捏。** 拉門沿樑設計，有效利用樑下空間。右側為固定的玻璃隔間，左側則以一扇 150 公分寬的拉門左右移動。

⚪ **材質使用。** 拉門材質以玻璃搭配玻璃貼紙的方式，同時擁有玻璃的穿透與透光性外，也能適時給予遮蔽作用。

◁ **施工細節。** 鐵件線條的分割特意拉高，使主人在廚房或書房操作時，能夠隨時注意小孩在客廳的各種狀況。

419

◎ **材質使用。**以黑鐵作為門扇框架，結合耐髒、具質感的茶玻材質，形成具通透延伸感的隔屏門扇。

◎ **施工細節。**隔屏門片的切割線將位置壓低，與面窗綠景形成諧和不阻礙的水平視線，讓視覺可無盡延伸，產生通透感。

419
門片界定空間，節能電源

以門片作出書房、餐廳與客廳之間的隔屏，同時採用通透的門片材質，讓領域之間彼此獨立保有各自機能，但也維持視覺的延伸感，並運用門片注入冷氣節能作用，節省了居家電能。圖片提供 © 近境制作

420
大幹木拉門呼應自然綠意，延伸空間感

作為度假居所的住宅，毗鄰公園綠地，主臥房運用拉門區隔，可獲得開闊的視覺延伸，門片選用紋理鮮明的大幹木皮，將戶外自然元素帶入室內，彼此有所連結。圖片提供 © 懷特室內設計

420

◈ **五金選用。**大拉門下方必須加上土地公配件，讓懸吊拉門減少晃動。

422
可移動門片，為書的收納帶來不同變化

開架設定的展示書櫃，背面其實是主臥的衣櫃，而透過層板及線條設計，讓櫃體產生高低錯落的輕盈律動，搭配 LED 間接照明讓收納也是另一種品味展現。而左側的門片可隨時移動，使書櫃產生不同樣。圖片提供 © 子境室內設計

423
灰玻璃鐵件拉門＋固定門片，既開放又能阻擋油煙

男主人追求開闊的生活空間，女主人又擔心開放廚房油煙的問題，設計師結合兩人的想法，以一道固定門片搭配兩側滑門的作法，平常滑門開啟，創造出環繞寬敞的動線，下廚時也能阻擋油煙。圖片提供 © 懷特室內設計

◎ **尺寸拿捏。**長約 4 ～ 5 米長，深約 40 公分的書櫃，透過移動的白色門片營造出趣味感及變化。

◎ **施工細節。**由於實木門片較重，因此採上下軌道設計，讓門片移動時更為順暢。

422

◎ **五金選用。**由於鐵件拉門重量重，特別選擇進口雙向緩衝滑軌，讓女主人使用更省力，未來有小孩的加入使用上也更安全。

423

【門片】 隔間

◎ **材質使用。**採用無氣密的透明強化玻璃作為門片材質，耐撞擊度較高，在界定區域的同時，也符合了居家的安全性。

◎ **施工細節。**採用符合居家尺寸的四扇摺疊片，採上下軌道方式安裝而成，全開放時可收攏於牆邊，不佔過多的居家空間。

◎ **材質使用。**門片以多種特殊玻璃製成，透光性佳且可增添空間藝術感，牆面則以精緻工法、選配深色石材作為踢腳。

▶ **五金選用。**門片以地鉸鏈方式安裝，透過精細的鐵件工法、選用鍍鈦作為門片框材質，色彩飽和且保養容易。

424
變化牆與門，界定餐廳和書房

透過透明摺疊門來區隔書房與餐廳領域，關起來是一面隔間牆，但同時也身兼門的作用，透過彈性方式與具通透感的玻璃材質，產生空間延伸感，也保有兩者之間的獨立性，同時可讓家人間隨時保有情感連結。圖片提供◎近境制作

425
中西合「壁」門與牆完美契合

將門片與牆面作出結合，形成空間彈性的寢居領域，兼具了隱私度與半開放性，關起門，即形成與外隔絕的完整立面，並保有通透感，透過中式古典氣息的門扇設計，搭配牆面的質感壁紙，形成中西交融的美感。圖片提供◎鼎睿設計

426
輕輕一滑門片、隔間傻傻分不清楚

長型的空間之中，起居室與客廳需要有既能保有獨立與隱私的效果，於是在兩者之間加入了一道拉門，既是拉門也是隔間牆的一種，在滑動、拉動之間，也創造出不同的空間感。圖片提供◎大晴設計

◎ **施工細節。**拉門軌道配置在上方，形成懸吊形式，可避免掉將滑軌配置於地面時，破壞地坪的完整性。

◎ **材質使用。**門片以木材質為主，以夾板貼木皮方式處理，讓整體重量不會過重，而影響了天花板的承載重量。

427

● **五金選用**。除了吊輪與軌道之外，主要使用配件還加入了互相連結齒條與齒輪，拉第 1 片門即會同時啟動連動配件，並拉動第 2 片門，即 2 片門是同時運作。

427
全開放多功能書房好開闊

全室格局拆除重新予以規劃，取消餐廳旁的臥房，利用可完全收闔的拉門打造多功能書房，拉門打開後讓廳區格外寬敞，陽台特意的內退與地面無落差設計，也有延伸視覺的效果。圖片提供 © 緯傑設計

428
四方盒子裡的透門拉門兼隔牆

這個位在客廳旁的起居室，希望能維持開闊尺度，同時又保有獨立性，於是空間以半開放式為主，輔以透明拉門作為隔間牆的一種，與實體牆做銜接，讓四方盒子變得輕盈也充滿明亮感。圖片提供 © 豐聚室內裝修設計

428

◎ **材質使用**。為後讓空間顯得明亮，在拉門材質上以透明玻璃為主，除了有效引進光線外，也與其中的實體牆做了視覺上的平衡。

◎ **施工細節**。由於拉門的片數較多，所收放之處便於電視牆做整合，門片可收於其中也不會佔去太多空間。

429

◉ **材質使用。** 為達到遮蔽效果，設計師在拉窗玻璃內夾布作成透影不透明的效果，選用與客廳窗簾同塊布，也令住家視感更加一致。

▶ **五金選用。** 吧檯上拉窗是走上軌道的設計，因為如果走下軌不僅溝槽明顯、不美觀，也容易卡灰塵，造成清潔上的困擾。

◉ **材質使用。** 為消弭空間不方正感，以清玻璃作為拉門材質，引入光線也達到放大作用。

430

429
拉窗開闔區隔客廳、書房

女主人希望在家中有個開放式的空間，具備客房、書房、吧檯等多功能，加上全家都很會買東西，收納空間更是不可少！因此設計師將書房規劃成半窗設計，全拉開後便成為與客廳開放連結的空間，還有半腰矮櫃可以充當茶几，兼具收納機能，達到一個空間滿足多種需求的絕佳效果。圖片提供◎亞維空間設計坊

430
拉門當隔間，空間機能都升級

坪數有限情況下，實牆作為隔間雖容易顯得侷促，設計者轉個彎將拉門作為隔間元素，以清玻璃為拉門材質，增加了通透感，隨拉門開闔，空間與機能都能達到升級作用。圖片提供◎漫舞空間設計

431
黑玻摺疊門可全開也能完全隱藏

廚房和書房的區隔，被鐵件夾黑玻構成的摺疊門取代，可橫跨兩個場域的摺疊門將隨著居住者的需求作變化，將摺疊門推往書房可適時遮擋烹飪帶來的油煙與凌亂感，若往書房方向推，再藉由電動捲簾的降下，隨即形成具隱私的客房，若當兩面摺疊門全部往白牆後的櫃子內收齊，餐廚、書房的空間自然產生延伸寬闊感。圖片提供◎寬月空間創意

▶ **五金選用。** 摺疊門片為兩片一組，二組門片之間有吸鐵能相互帶動，而下軌道的門片也有固定接點，防止晃動。

◈ **施工細節。** 橫跨廚房、書房的跨距長達 480 公分，為避免天花板潮濕變形影響拉門軌道的順暢度，天花板採用加厚木芯板整片當角料，將變形機率降至最低。

- ◎ **五金選用**。上下滑軌。
- ◎ **材質使用**。鐵件噴漆、玻璃貼膜。

432

432
活動門片創造空間變化

書房採用彈性隔間，推拉門片分為上下兩部分，可視需求全部敞開成為全開放式，或是部分敞開調整和客餐廳之間的關係，透光材質能定義空間但不會阻斷光線。圖片提供©CJ Studio

433
玻璃摺門＋隔間，兼顧穿透與隔音

位於地下室的多功能室，平時是客房，當家族聚會時則變成小孩的遊戲區，考量大人關注方便，隔間設計以灰色玻璃為素材，具備穿透與隔音效果，雙開折門的設計納入收闔的便利性，同時也加成空間運用的彈性。圖片提供©成舍設計

434
藉由設計的藏身的隱形門

藏於牆體的門片模糊空間的分界，透過不均等的垂直分割線，隱藏住門縫線索，略為起伏凹凸的面板堆疊，讓滑推門板獲得曖昧掩護，經由設計，主臥的入口彷彿哈利波特九又四分之三月台，神秘又趣味。圖片提供©成舍設計

◎ **材質使用**。以灰色玻璃為素材，達到空間穿透的需求，也有隔音效果。雙摺門的形式可隨時收整於兩側牆面，形成完全開闊的場域。

433

434

◎ **材質使用**。一致性的木皮門片與隔間牆融合在一起，空間有延續放大感。

435

436

材質使用。
拉門選擇灰玻鋪面，並以鐵件為框，呈現十足的現代感。通透的材質，讓光線得以透入廚房，整體空間更顯明亮。

五金選用。
選擇連動式的五金，在開啟、關閉時都能不費力，同時在深度不足的空間中，連動拉門的設計能有效解決門片收納的問題。

435+436
灰玻拉門調度空間領域

基於小坪數的關係，再加上只有 2 人居住，利用開放式餐廚節省空間，並設計連動式拉門呈現或開展、或封閉的空間領域，在烹飪時能隨時有效阻隔油煙逸散。刻意在客廳與開放式餐廚的牆面，以亮麗的芥黃色圍塑空間，同時也是界定區域的表徵。圖片提供©Z 軸空間設計

437+438
看不見五金的滑門系統

「GHOST」滑動系統是專門為了拉門而設計，不論門片是開啟或關閉時，完全不會見到任何五金配件，特色是將其隱藏在門片內，目前有固定牆面的壁掛式和固定地面的落地式。圖片提供©紀氏有限公司

437

施工細節。
由於五金配件隱藏在門片內，門片的厚度會比一般拉門來得寬，作法可是洗溝頂到天花板，或是直接外掛使用。

438

439

◎ **材質使用。**門片上貼了帶花卉圖騰的壁紙，剛好與整體風格相呼應，也增添了不一樣的視覺美感。

▷ **五金選用。**門片使用的是旋轉五金，透過十字螺絲固定住，除了能輕鬆推關門，日後更換也很容易。

✎ **尺寸拿捏。**門片厚度經過 3D 圖面測試，在 45 度視角之下，視覺無法穿透入內。

440

439
門、牆做到合而為一

客廳後方的空間需要有一道門銜接，於是設計者將門與牆合而為一，中間鋪上文化石，兩側則是一道是門、另一道是裝飾設計，當門關起來時，可作為漂亮的沙發背牆，但門打開始則可作為通往空間的通道。圖片提供◎漫舞空間設計

440
現代化窗花門片遮擋私密性

客廳後方通往大露台，然而與鄰棟大樓距離近，因此設計師在原有落地窗面再增設一道擬中式窗花門片，同時兼具廳區的裝飾背景效果。圖片提供◎寬月空間創意

441
延伸牆面尺度拉闊空間

利用拉門將通往私人空間的通道適度隱藏，也明確地與公共空間區隔開來，而與沙發背牆位於同一立面的拉門，材質上採用梧桐木，一方面利用相同材質延展牆面尺度，進而有拉闊空間效果，另一方面也讓門片融於牆面，藉此簡化空間線條，達到俐落、清爽感受。圖片提供◎絕享設計

441

◎ **材質使用。**選用淺色系木素材，增加自然感受的同時也能增添空間溫度。

【門片】隔間

442
是隔間也是書架門片

小空間講求多功能設計，更講求化零為整的規劃，因此藉由架高木地板界定書房外，木質拉門可充當書牆的門片，也可以轉角 90 度成為書房與主臥的隔間牆，一物多用。圖片提供 © 尤噠唯建築師事務所

443
石片拉門成為廚房和客廳的屏蔽

以黑白配色概念出發的設計，全室以淨白的色系鋪底，適時在廚房拉門以黑色石片鋪陳，展現強烈對比。往客廳開闔的設計，巧妙避開廚房與書房門片互相干擾的困境，同時拉門也可作為屏蔽客廳的隔牆，適時遮擋入門視線。圖片提供 ©Z 軸空間設計

◎ **材質使用。**為統一空間整體性，因此門片用集成木營造空間的層次感，也緩和門片的沉重感。

◉ **尺寸拿捏。**受限於要使門片可以轉 90 度，因此五金採用萬用軌道及卡榫，並將門片切割二片方便使用。

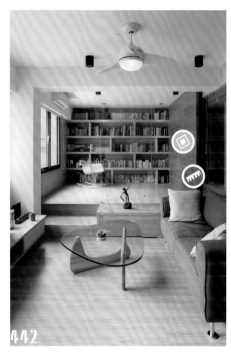

442

443

◎ **材質使用。**為木作門片上貼覆黑色的薄片石材，比一般石材輕得許多，能夠減輕拉門重量，同時保有石材本身的素材原貌。

◉ **五金選用。**懸吊式拉門的設計，僅在天花加上重型軌道，需依照門片重量選擇適合的五金。地面無軌道的作法，地面保留無分割的視覺效果。

CHAPTER

6

門片

門＋隔間

門＋電視牆

444 **利用門的厚度
預留線路**

結合拉門的電視牆，影音線路就藏在門的厚度
裡，並運用滑軌五金固定於牆面，就能讓電視
左右平移。

445 懸吊拉門記得搭配「土地公」輔助

如果是選擇懸吊式拉門結合電視牆，必須在門片的重疊處加上俗稱的「土地公」作為輔助器，避免懸吊拉門的開關之間過於晃動。

插畫繪製＿黃雅方

446

446
門片修飾斜角也化身電視牆

由於空間有許多斜角，設計者利用這些歪斜牆面整合儲物空間做修飾，醒目的門片成為視覺焦點，也消弭斜角牆在空間中的突兀感。所嵌入的門片中也植入電視化身電視牆的一種，門片讓整體更具一致性，同時也幫電視找到了適合的家。圖片提供 © 大晴設計

447
拉門整合電視牆，衣櫃放得更多

以往多半將電視放置在衣櫃內，但缺點是衣櫃的容量變小了，現在將衣櫃門片結合電視牆，保有原有的收納空間，又能獲得影音娛樂功能，一舉二得。圖片提供 © 大晴設計

◎ **材質使用。** 櫃體門片以榆木木皮為主，特殊色澤與紋理，平衡了整體調性也替空間營造出溫潤感。

◎ **施工細節。** 電視牆部分採可移動設計，輕拉開來無論坐在空間哪個角度，都能觀賞到電視節目。

◎ **五金選用。** 懸吊拉門在門片重疊處需要在門的厚度打ㄇ字形凹槽，加上"土地公"輔助器，就能減輕懸吊拉門晃動。

447

五金選用。電視牆搭配可旋轉軸承，提供客、餐廚空間觀賞。

448

449

材質使用。門板以鋼刷木材及深黑鐵件元素打造而成，木質紋理以人字斜紋拼貼與櫃體線條的寬窄拿捏，讓空間在一致性之中富有低調而豐富的紋理變化感。

五金選用。電視結合滑軌五金固定於牆面再依附櫃門上下緣加強穩定，使電視能夠左右平移，而不影響櫃子門片開關。

結合拉門的電視牆

結合拉門的電視牆。電視牆結合拉門設計，如有重要訪客時可將空間區隔開來，也可將客廳化為完整的娛樂室，或為夏天增進冷房效果等，平時則可打開保持穿透空間感，並且電視牆為可旋轉式設計，客廳餐廳皆可使用。圖片提供©力口建築

449

單一牆面整合多面向機能需求

只有8坪大的小空間，設計師讓瑣碎的收納機能與視聽設備管線完全隱身於木質門片之後，裡面整合了衣櫃、小冰箱、水槽、專業影音設備等，搭配可移動式電視架提高櫃體的使用靈活度。圖片提供©森境&王俊宏室內裝修設計

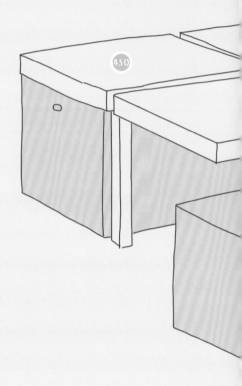

CHAPTER

7

傢具

傢具＋收納

傢具＋沙發
傢具＋桌

450 **好清潔材質**
更實用

不論是中島檯面或是訂製桌几等等，桌面材質建議選
擇人造石、或是白色烤漆、實木皮材質，長時間使用
下來也比較好清潔維護，如果傢具尺度大想達到無接
縫感，則是可挑選人造石。

451 收納造型
決定物品擺放方式

以中島櫃體搭配抽拉層板來說,長度約 60 ~ 70 公分最好使用,如果是茶几下的收納,高度 40 公分為佳,剛好能收納雜誌、書籍,假如是非方正的傢具整合收納,則是可收納如海報、畫紙等生活物件。

452 挑選喜歡的材質

櫃體、傢具材質越來越多元,除了常見的木質款式之外,還有茶鏡材質、鋼烤材質等,可依空間風格、性能來決定材質。

插畫繪製＿黃雅方

側抽好收納，書桌變化妝檯

區隔空間的矮牆結合櫃體與桌板後，書桌兼化妝檯的專屬傢具便誕生了！側邊規劃為側抽形式，可將保養品、化妝品整齊收納，讓使用者一目了然。拉出側抽、書桌馬上變身化妝桌，女主人可視需求彈性調整機能。圖片提供 © 明樓設計

454

中島矮櫃是平放收納好幫手

設計師的書房、辦公空間中，需要收納物品可區分為：大量參考書籍、文獻，以及建材樣品目錄。前者依照大小規劃一整道牆面的開放式書架，後者因為大小不一，又需要常常攤開來對照使用，就在空間中增設大中島，以拉抽層板方式收整。圖片提供 © 相即設計

◎ **五金選用。** 側抽滑軌使用進口五金，只要輕輕一推，抽屜便能自動回歸，不用擔心推太用力會出惱人的噪音。

◎ **尺寸拿捏。** 兩層側抽厚度各為 22.5 公分，深度則與衣櫃厚度相同為 60 公分。木作貼皮為浮雕白梣，營造輕盈淡雅的女性形象。

◎ **尺寸拿捏。** 大中島櫃體長度為 4 公尺，拉抽層板長度設定為 60 ～ 70 公分，深約 50 ～ 60 公分，可平放收納大部分的樣品、目錄，只要一拉開就能一目了然。

◎ **材質使用。** 中島收納櫃檯面採用白色人造石，取其無接縫、好清潔特性，上頭還特別放置 9mm 厚度黑色橡膠作工作切割板，內嵌方式令整體視覺更加平整一致。

455

456

◉ **尺寸拿捏。**同時作為工作桌及沙發背牆,除了考量到書桌的高度(約 75 公分)也思考到呈現美感,刻意拉高沙發背牆高度,使整體穩定度更為和諧。

◉ **材質使用。**咖啡桌為實木材質,溫潤又耐用,有自然、煙灰、仿古、咖啡 4 種顏色可挑選。

457

458

◉ **材質使用。**桌面採用觸感分明的橡木鋼刷木皮,以詮釋臥房希望營造的自然溫暖的氛圍。

455
巧思打造工作書桌,延伸轉折創造出邊桌及書報收納空間

客廳空間融合工作區,藉由書桌界定彼此區域並作為沙發背牆,並巧思的將工作區桌面轉折延伸,不僅形成客廳沙發旁的邊桌,下方也可以收納常看的書報雜誌。圖片提供 © 森境 & 王俊宏室內裝修設計

456
桌下多機能,可配椅凳或收納箱

Tao 實木咖啡桌以鏤空腳架搭配方型桌面,以俐落的線條建構出具摩登感的形體,穿透的視覺同時減輕空間的負擔,腳架旁也可選擇搭配 Tao 椅凳或 Tao 皮革收納箱,讓咖啡桌更添實用性。圖片提供 ©loft29 collection

457+458
複合式梳妝檯隱藏式功能設計,使臥室簡潔有條理

設計師主臥量身訂製複合式傢具,界於寢區與更衣區之間,將鏡子、收納等梳妝檯功能隱藏在平滑桌面下,平常只要拉開就能輕鬆使用;面向睡床的一側也規劃了實用的開放式收納層架。圖片提供 © 尚藝室內設計

施工細節。木工訂製床座的床緣處特別內縮設計，降低床座的笨重與壓迫感。

459

材質使用。訂製傢具採白色烤漆處理，對小空間來說清爽不壓迫，平常也好清潔。

459

床座可收雜物和寢具

當臥房空間不大，硬生生塞下一張床架，卻得捨棄衣櫃和其它收納？現在有更好的解決方式，透過木作訂製將床座與床頭櫃整合，反而不浪費每一寸空間，床座底下還隱藏抽屜收納，床頭櫃則是採上掀門板，可收納棉被、枕頭。圖片提供◎甘納空間設計

460

一張桌子抵三件傢具

房子再小，該有的機能還是不能少，睡寢區依據空間量身訂製梳妝檯與收納邊几，取代二件傢具，甚至梳妝椅下也具備儲物機能。圖片提供◎界陽＆大司室內設計

461

展示架收納藝術品

天花板懸吊開放式展示架，可供擺置藝術品，並利用高地落差的平台組合設計，勾勒出量體線條層次，同時也揉合居家端景效果，將戶外陽台的美景綠意引入室內，並讓自然採光可穿透入室，串聯餐廳與陽台，形成美好意象。圖片提供◎近境制作

材質使用。透過六根黑鐵為支架、木素材為檯面，相互結合成兩座展示檯面，在穩重色調的映襯下，彰顯自然光的舒適明亮。

461

◎ **材質使用。**實木木箱，搭配銀箔漆面，再運用深咖啡色走邊並加上手工鉚釘設計，呈現濃濃工業風格。

462

462
復古行李箱改的茶几邊桌

為呼應整個空間的工業及復古風格，因此沙發前面的茶几以及邊桌，則是選用復古行李箱的造型改裝而成，裡面還可以收納，而銀箔色的表面及鉚釘設計，和黑色仿古沙發搭配起來，讓整個空間飄散濃濃的男人味氛圍！圖片提供◎好室設計

463
活動式水泥書桌，可收可視心情工作

運用水泥粉光設計的活動式書桌，不用時可以嵌入書房的鋼筋鐵架裡，把空間留出來活動，需要用時，可以以推出來移動到書房想閱讀的地方，如窗邊或沙發背牆等等，機能可視需求而定。圖片提供◎好室設計

463

◎ **材質使用。**透過水泥粉光及輪子建構的，可以活動，因為必須嵌入鋼筋書架中，因此所有尺寸都經由計算而成的。

◎ **尺寸拿捏。**書桌的尺寸為高 75 公分，寬 60 公分，長約 120 公分，沒有任何收納抽屜，目的是讓水泥桌面呈現純粹的線條感。

◐ 施工細節。懸吊鐵架結構與上端鋼構結合,增加整體的穩固性。

464

464

鐵架收納賦予燈光照明

工業風格住家的頂樓工作室,工作桌上方的照明,更是整合收納需求,方便屋主放置常用的皮件工具,以鐵件為主要結構的概念,則是回應整體居家氛圍。圖片提供©緯傑設計

465

輕巧茶几能把物品收得漂亮

以系統傢具製成的輕巧茶几,看似簡單但仔細往內看做了雙層的收納,有開放式也有抽屜形式,可以隨需求喜好擺放客廳相關物品,同時也能把生活用品收得整齊又漂亮,維持整體的乾淨。圖片提供©漫舞空間設計

◐ 材質使用。茶几主要是由系統傢具所製成,板材、木皮除了符合標準在維護上也相當容易。

◐ 施工細節。抽屜門片特別做了內凹設計,作為開關把手之外,也能有助於讓傢具保持簡潔的美麗。

465

466

467

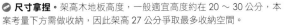

◎ **尺寸拿捏。**床頭櫃抽屜寬皆為 58 公分深 60 公分，能夠容納書本小物，下方為門片收納區，高度為 30 公分，可以放置瓶瓶罐罐或薄被、睡衣。

◎ **材質使用。**大面床區搭配活動床墊，可視情況將床墊收起來，就成為現成的和式平台。檯面採用超耐磨木地板，耐磨耐髒，無需擔心刮傷或潑水的短暫潮濕。

◎ **尺寸拿捏。**架高木地板高度，一般適宜高度約在 20 ～ 30 公分，本案考量下方需做收納，因此架高 27 公分爭取最多收納空間。

468

466+467
架高床架暗藏多收納

木地板架高作為大床架區，同時下方暗藏抽屜收納，與窗台邊檯面小櫃組構成 L 型的收納量體，如同一般的床頭櫃概念，只是機能分割更加仔細，讓小物品都有專屬的容身之處。檯面再延伸過去便為房中的專屬書桌。圖片提供◎明樓設計

468
向下延伸收納空間

將原本屬於陽台的空間，規劃為屋主夫婦需要的書房，地板架高約 27 公分，除了與客廳做出區隔外，也美化原始落地門留下的門檻，至於架高地板的下方也不浪費，順勢規劃為收納空間，靠近電視牆為抽屜式設計，不方便抽拉的位置，則改為上掀式；材質選用木紋美耐板，不只好清潔，也營造出較為放鬆的療癒氛圍。圖片提供◎絕享設計

225

CHAPTER

7

傢具

傢具＋收納

傢具＋沙發

傢具＋桌

469 **沙發＋茶几，**
買一件就夠用

小空間擺不下太多傢具，大空間又想要簡單俐
落，這種一件兩用傢具最實在，將邊桌與沙發
作結合，無須再起身就能拿取、擺放物品。

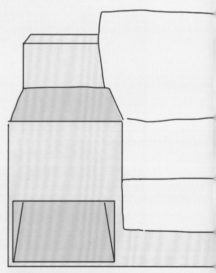

插畫繪製__黃雅方

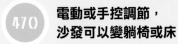

470 電動或手控調節，
沙發可以變躺椅或床

多功能沙發通常分為兩種，一種是透過手動調
整椅背、腳凳的幅度，另一種是透過電動馬達
的裝置，遙控就能轉換功能，兩者皆有優缺點。

471 加寬沙發側邊
創造茶几、收納

訂製款沙發的好處是，可以根據空間大小決定
尺寸規格，甚至能將收納機能一起考慮進去，
比如說利用椅座或是扶手側邊加入抽屜、開放
式邊几，如此一就能滿足機能與空間感。

472 注意沙發量體
對空間的影響

厚實的沙發量體，佔據較龐大的空間視覺，小
坪數空間，建議選用尺度較小或複合式機能沙
發，也能因應客人來訪或其它狀況做靈活變化。

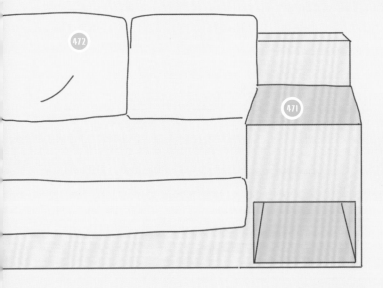

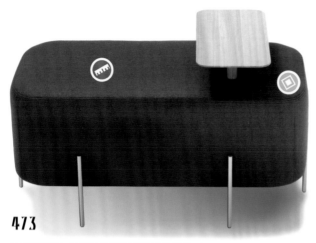

473

◎ **材質使用**。椅凳有布套與皮革兩種供選擇，布套款顏色也十分多樣，搭配纖細的金屬腳座，質感更佳。

◑ **尺寸拿捏**。椅凳寬度為 93 公分，可取代一般雙人座沙發，深度 48 公分，也很適合小空間使用。

◎ **材質使用**。以加大型的拉鍊取代傳統車縫線，依照布料與拉鍊顏色相互襯托出更加立體的外型。

473

長凳結合邊桌，一張就夠用

Elephant 椅凳系列以以清新簡約的線條迎接到來的訪客，方塊型的椅座面側邊以圓弧形收邊，親切可愛的造型相當討喜，結合固定式邊桌的設計，增加使用功能。圖片提供 ©loft29 collection

474

手指遙控，沙發成躺椅

融合個性外形與舒適感是 Tecno 系列的設計重點，其中電動可調式沙發款式，內建電動馬達，左右兩側沙發可遙控調整椅背與椅座角度，開啟時椅座會往前延伸，同時帶動椅背傾斜達到躺臥的效果。圖片提供 ©loft29 collection

474

475　一體成型沙發與邊几、電視櫃

極小的房子又必須滿足所有的機能，傢具建議採訂製設計，以這個案例來說，沙發不僅具備邊几和收納機能，另一側也是電視櫃，只要一個傢具就能提供豐富的使用性。圖片提供◎界陽&大司室內設計

🔍 **尺寸拿捏。** 沙發邊角特別採用不規則斜切概念，除了讓空間更有層次感之外，也帶來圓滑的舒適視感。

7

傢具

傢具＋收納
傢具＋沙發

桌＋傢具

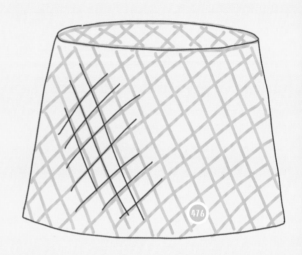

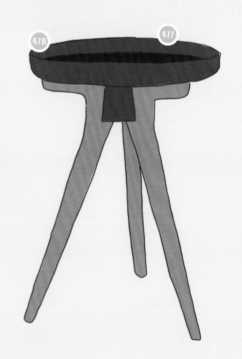

476 塑料材質，
輕盈好搬動

多功能傢具希望能同時使用在多空間的話，在現成傢具的挑選上，材質輕盈與否是一大關鍵，最好是塑料或是其它聚脂纖維等等，在移動上才會比較輕便，而且塑料也能適用在戶外空間。

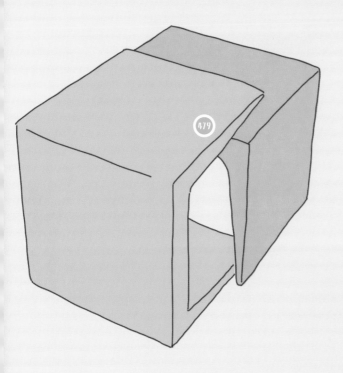

477 傢具整合，
要掌握好高度

為達到寬敞無拘束的空間感，不妨將傢具做整合，但是要注意彼此之間的尺寸高度拿捏，比方說餐桌和書桌都是坐著使用，高度可以抓一致，但是好比梳妝檯延伸變浴室檯面的話，浴室檯面應該稍微高一點，站著使用較舒適。

478 依照收納需求挑選

空間小可以選擇套几，不用時可重疊收納僅佔一個桌面位置，如果有收納報紙、遙控器的需求，建議選擇有收納空間的，有些桌几下方還設計有抽屜櫃方便收納。

479 選擇適當的尺寸

一般以人坐沙發中，茶几高不過膝最為理想。擺放在沙發前的茶几，與沙發之間至少要有30～40公分的距離，才不會因距離太近感到不便。

◎ **材質使用。**黑色圓盤／托盤部分為塑料材質，在移動上都非常輕便。

480

481

480+481
椅凳翻轉變圓桌，拆解變托盤

這是多功能的移動傢具，只要靠一個翻轉的動作，可以是小茶几、椅凳和托盤。將圓盤反過來，是置放小物的圓桌，有客人來訪，再翻轉，就變成小凳子，若朋友享受下午茶，它也可以是桌上的小托盤。圖片提供 ©loft29 collection

482
迎光親水，營造自然愜意的用餐氛圍

設計師希望營造情境式的用餐空間，不僅將餐廳規劃在光線充足的鄰窗位置，並打造具有裝飾性的餐桌，在桌面底端設計一個養花池，能栽植蓮花等水生植物，為空間增添話題性。圖片提供 ©森境&王俊宏室內裝修設計

482

◎ **材質使用。**餐桌以木作為整個傢具主體，桌腳則以烤漆鐵件打造具有東方意象的圖騰，傳遞現代優雅的新東方風格。

◎ **施工細節。**桌面底端養花池需先預製泥作部分再與木作搭配結合。

［桌］

傢具

483
檯面延伸，梳妝檯也是洗手檯面

盥洗空間以玻璃拉門分割為梳妝與浴室兩個機能區塊，全室舖貼相同磁磚，搭配明鏡與大理石檯面貫穿兩側，視覺穿透之餘，達到互享空間感效果，有拉闊整體衛浴尺度效果。離洗手檯近、卻能乾、溼分離，在梳妝使用上也更加便利。圖片提供 © 相即設計

484+485
ㄇ字型邊几，是椅凳也是邊桌

CU 簡約的 ㄇ 字外型賦予它多樣的使用功能，可以是茶几，也可以是椅凳，放置在床邊或沙發邊可當成邊桌。圖片提供 ©loft29 collection

486
複合式空間設計，餐廳也可以是機能充足的工作空間

屋主希望有獨立工作區，便順著餐桌方向規劃屋主工作位置，隔板設計兼具獨立及隱私性，與餐桌搭配使整個餐廳兼具書房功能，成為討論聚會的最佳場域。圖片提供 © 森境＆王俊宏室內裝修設計

材質使用。採用防水塑料材質，不僅耐用好清洗，也可以在戶外使用。

尺寸拿捏。外側當作梳妝檯使用，檯面上緣高度設定為 75cm；另一側考量平檯高度後，採桌上型臉盆型式，75cm 加上約 20cm 厚度，盥洗使用輕鬆許多。

483

486

施工細節。書桌後方收納櫃兼具收整電器與事務機的功能，創造出複合式的使用空間。

材質使用。簡約空間搭配大器質感的大理石桌面並以鐵件為櫃架，呈現出精緻俐落的現代風格。

484

485

487

488

◎ **材質使用。**椅座面特別設計了太陽能板，夜晚時自動點亮椅座面的 5 顆 LED 燈，實用且兼具環保節能概念。

487＋488
是邊几、椅凳，更是實用燈具

Ivy 戶外椅凳同時可當成邊几，靈感源自於花園中觀賞植物的修剪技術，Paola Navone 運用 EMU 經典的金屬網架技術，創作出一系列具現代摩登感的戶外傢俱。圖片提供 ©loft29 collection

489
5 米 2 餐桌也是工作桌

20 坪的小房子，為達到寬敞無拘束的空間感，設計師將書桌與餐桌結合，長達 5 米 2 的桌子作內側作為書桌機能，桌底下配置抽屜收納，最外側則是餐桌使用，若招待朋友也可容納數人。圖片提供 © 甘納空間設計

489

◎ **尺寸拿捏。**座椅深度有將近一張單人床的寬度，不僅僅是餐椅，也可以當作臥榻使用。

◎ **尺寸拿捏。**沿著柱體的 50 ～ 60 公分寬度依著窗邊設計 70 公分高的書桌至 25 公分高的床頭邊几，再加上 40 ～ 45 公分高的床墊，形成有趣又安全的兒童遊玩天地。

◎ **材質使用。**以全木作設計實木貼皮書桌與白色床頭邊几，並在下方做收納設計，滿足孩子收納玩具的機能使用。

◎ **五金選用。**由於希望做出像傢具式的設計，在床架下方利用三節式的滑軌五金，加裝抽屜，方便抽拉收納。抽屜則依照五金的尺寸製作，深度約 80 公分。

490

書桌與床頭邊几一體成形，營造兒童遊玩天地

這是一間兒童房，當初設定透過書桌與床頭邊几一體成形，當床墊加入時，正好在室內形成高高低低的塊狀島嶼跳板，讓孩子在房間跳上跳下，形成有趣的活動天地。書桌與床頭邊几的斜度還可以充當孩子溜滑梯。圖片提供◎ 子境室內設計

491

床架、邊几、書桌一體成型

限於坪數不大的條件，需在空間中置入基本的床架、邊几和書桌功能。因此床架架高，下方做出抽屜抽拉，增加收納空間；沿床拉伸出邊几使用，可隨手置放書籍或以燈具輔助照明；再從邊几彎折拉高，以黑色木皮區分出書桌的領域。一體成型的設計，空間一點都不浪費。圖片提供◎ 大雄設計

492

懸浮床座整合臥榻、邊几

臥房床架非現成品，而是採訂製概念，床頭邊几延伸成為床座一路到窗邊座椅，並採用純白色調與懸浮設計，創造輕盈無壓的休憩氛圍。圖片提供◎ 界陽 & 大司室內設計

◎ **施工細節。**木作烤漆一體成型傢具特別導弧角修飾，化解銳利感。

493

◎ **材質使用。**書桌桌面材質為大理石，透過石材本身紋理與顏色帶出古典雅緻的風格。

◎ **施工細節。**抽屜門片或是書桌立牆，都看得到線板元素，除了扣合整體風格調性也讓書桌更具味道。

◎ **尺寸拿捏。**沿著中柱而生的長約 300 公分之長型桌子與架高地板，則讓空間有了公私的分界。

◎ **施工細節。**所有隔間敲除，利用原始空間正中間的一根柱子與十字樑，水平生長成一張長條桌子，來架構整個空間，並滿足上列生活上種種的需要。

桌

〔傢具〕

493
獨特書桌立牆輕鬆區分使用機能

臥房空間特別訂製了一套書桌傢具，白色線板作為書桌立牆，除了清楚界定使用環境之外，同時成為傢具體的一部分，有效地做到不但能呼應整體風格，也讓書桌傢具充滿自身特色。圖片提供 ◎ 豐聚室內裝修設計

494
一張桌子串聯生活所有機能

一個不到 20 坪的小空間，順著既有的十字樑與中柱來設計，即隱含了空間分為四區的本質與秩序。於是一張桌子，可以是介定區隔客廳、廚房的矮牆；可以是客廳沙發的靠背；也可以是可供用餐的餐桌；是書房閱讀的書桌；也是主臥化妝的梳妝檯；更是架構、區隔整個房子的元件，與視線焦點的中心。圖片提供 ◎ 尤噠唯建築師事務所

495

櫃體結合書桌床頭，連成一氣

將衣櫃、書桌、床頭設計整合在一起，形成串聯一氣的桌體設計，讓使用檯面加長延伸，無論是閱讀、工作或在床頭擺放展示小物都可以，在一道檯面上型塑了不同的使用主題，並打造睡前閱讀的方便動線。圖片提供◎近境制作

496

以圖騰設計型塑古典風格

屋主希望能在臥房隔出梳妝區，因此設計師在維持原有空間的開放感前提下，利用床頭背板在衣櫃與床鋪之間隔出一個多功能梳妝區，床頭背板設計元素延續衣櫃圖騰，帶出古典風語彙，材質則選用大理石銀弧和印度黑，呼應主臥調性同時又不失大器。圖片提供◎邑舍設計

◎ **材質使用。**櫃體與桌體的木皮紋理呈線直線與水平方向，展現不同的線條美，佐以百葉窗引進的光影線條，彰顯線性的藝術。

◎ **尺寸拿捏。**考量床頭背板後方為梳妝區，床頭背板高度做至約 100 公分，讓屋主靠臥床頭時不需擔心有懸空問題。

496

497

◎ **材質使用。** 泡腳池桶身採用檜木實木打造而成，板材約有 4 公分厚，下方磁磚部分還要做出特別的洩水坡度，特別延請台南師傅現場施作。

◐ **尺寸拿捏。** 泡腳池寬約 86 公分，上方分為大小兩個蓋子，可經由小圓孔分別施力拿起，小蓋子設定為托盤使用，大蓋子則能變身夾層和式區的桌面。

497
私人泡腳池，蓋子還能當和式桌

靈感來自於男主人從宜蘭泡腳回來的一個想法，碰巧在臥榻旁邊，原始格局就是降板浴缸所在，所以能順勢沿用現成的管線，家用泡腳池便就此誕生。池子上方使用大小兩片檜木實木板材作為蓋子，行走踩踏都沒問題，打開時還能當作 2F 的和室桌面；龍頭亦藏在靠牆層板下方，沒有踢到受傷的疑慮。圖片提供 © 馥閣設計

498
化妝檯兼書桌並與洗手台串連

由於浴室已做乾溼分離，因此將主臥浴室的洗手檯與化妝檯串連，透過玻璃隔間區隔，不但滿足機能，更增加空間使用坪效，也讓化妝台也可以是主臥的書桌。圖片提供 © 尤噠唯建築師事務所

【桌】

傢具

◎ **材質使用。** 人造石加楓香木作櫃體，視各需求將收納機能一併納入。

◐ **尺寸拿捏。** 由於洗手檯與化妝檯高度相同，於是做長約 160cm 將兩者串連，僅外加洗手台，滿足機能。

498

499

🔘 **五金選用。**沿臥榻兩側的下緣埋入軌道，並於茶几下方安裝輪胎，使茶几可隨意地左右移動。軌道可依情況上油保養，以利輪胎滑行。

◎ **材質使用。**使用淺色系的栓木包覆櫃體及桌子，但把手槽及展示架染黑處理，讓線條更簡潔。

🔘 **尺寸拿捏。**化妝檯 60 公分長約 180 公分嵌入衣櫃裡，45 度抽屜把手簡化線條感。

499

打造品茗賞景的舒適空間

客廳擁有兩面採光，大面的落地窗引進自然美景，為了享受這片美好綠意，沿窗打造臥榻以及活動式的茶几，形塑與家人一同品茗對飲的悠然氣氛。而沙發、桌几也選擇較為低矮的尺寸，平衡整體視覺，並採用大量的天然木質，空間更為質樸靜謐。圖片提供◎大雄設計

500

整合衣櫃及化妝鏡，書桌化妝檯

主臥試著放置臨窗的位置，用原先兩小房的位置，規劃成一個有獨立浴室、更衣室的大套房；化妝桌設計為嵌入衣櫃設計，並在桌面中間設計可上掀的化妝鏡。圖片提供◎尤噠唯建築師事務所

500

IDEAL HOME 57

設計師不傳的私房秘技：一物多用空間設計 500 暢銷改版

作　　者｜ 漂亮家居編輯部
責任編輯｜ 許嘉芬
文字編輯｜ 黃婉貞、黃珮瑜、王玉瑤、余佩樺、蔡竺玲、楊宜倩、
　　　　　 劉繼珩、陳佳歆、李亞陵、李寶怡、許嘉芬、柯霈婕
封面設計｜ 莊佳芳
版型設計｜ 鄭若誼
美術設計｜ 莊佳芳、詹淑娟
行銷企劃｜ 呂睿穎

發 行 人｜ 何飛鵬
總 經 理｜ 李淑霞
社　 長｜ 林孟葦
總 編 輯｜ 張麗寶
副總編輯｜ 楊宜倩
叢書主編｜ 許嘉芬

出　　版｜ 城邦文化事業股份有限公司 麥浩斯出版
地　　址｜ 104 台北市中山區民生東路二段 141 號 8 樓
電　　話｜ 02-2500-7578
傳　　真｜ 02-2500-1916
E - m a i l ｜ cs@myhomelife.com.tw
發　　行｜ 英屬蓋曼群島商家庭傳媒股份有限公司城邦分公司
地　　址｜ 104 台北市民生東路二段 141 號 2 樓
讀者服務電話｜ 02-2500-7397；0800-033-866
讀者服務傳真｜ 02-2578-9337
訂購專線｜ 0800-020- 299 (週一至週五上午 09:30 ～ 12:00；下午 13:30 ～ 17:00)
劃撥帳號｜ 1983-3516
劃撥戶名｜ 英屬蓋曼群島商家庭傳媒股份有限公司城邦分公司

香港發行 城邦（香港）出版集團有限公司
地　　址｜ 香港灣仔駱克道 193 號東超商業中心 1 樓
電　　話｜ 852-2508-6231
傳　　真｜ 852-2578-9337
電子信箱｜ hkcite@biznetvigator.com

馬新發行城邦（馬新）出版集團 Cite(M) Sdn.Bhd.
地　　址｜ 41, Jalan Radin Anum, Bandar Baru Sri Petaling,
　　　　　 57000 Kuala Lumpur, Malaysia
電　　話｜ 603-9057-8822
傳　　真｜ 603-9057-6622
總 經 銷｜ 聯合發行股份有限公司
電　　話｜ 02-2917-8022
傳　　真｜ 02-2915-6275
製版印刷｜ 凱林彩印股份有限公司
版　　次｜ 2018 年 2 月 2 版一刷
定　　價｜ 新台幣 450 元
Printed in Taiwan

著作權所有• 翻印必究（缺頁或破損請寄回更換）

國家圖書館出版品預行編目 (CIP) 資料

設計師不傳的私房秘技：一物多用空間
設計 500 暢銷改版 / 漂亮家居編輯部作.
-- 2 版. -- 臺北市：麥浩斯出版：家庭傳
媒城邦分公司發行 , 2018.02
　面；　公分 . -- (Ideal home ; 57)
ISBN 978-986-408-357-2(平裝)

1. 家庭佈置 2. 室內設計 3. 空間設計

422.5　　　　　　　　　107000395